イチから学ぶ
Web ライティング入門

サイトを成功に導くための実践講座

片桐光知子・著

まえがき

　本書は、Webライティングの入門書です。文章を書くことが苦手な人、インターネットに明るくない人でも、ストーリー形式で楽しく学べる書籍を目指しました。

　著者である私は現在、Webマーケティングコンサルティングを提供するブライトシー株式会社の代表を務めています。同時に、東海学園大学で「メディア表現論」という名前でWebライティングの授業を受け持っています。

　近年、企業の中の人が自社サイトで個人名を出して情報発信することが増えてきました。このような中、Webに適した文章の書き方やコンテンツ運用について学ぶ必要性はより一層高まっています。

　本書の主人公は、文章を書くことが苦手な新入社員の女性・あきちゃんです。あきちゃんはWeb担当者に任命されて、中の人として記事を書いていくことになりました。そんなあきちゃんを助けるのは、一緒に暮らすインコのみっちん。みっちんは、あきちゃんのために、イラストや図解を使いながら丁寧にわかりやすく説明します。

　Part1からPart8まで、順番通りにPCを使って作業することにより、Webライティングの基本がしっかり身につくでしょう。

　Webの世界は技術の進歩が目覚ましく、時代の流れとともにWebツールや技術は使えなくなることが予想されます。本書は、Webライティングの根本的な考え方を学ぶことにより、時代が移り変わっても長く使えるように配慮し執筆しました。

　本書で、あきちゃん＆みっちんと一緒に楽しく学んでいきましょう！

　最後に、本書は多くの方々のご尽力のおかげで完成しました。制作に関わってくださったすべてのみなさまに心から感謝申し上げます。

2025年1月　片桐光知子

登場人物紹介

池井秋子
（あきちゃん）

社会人1年目。ラッピング用品メーカー「ルミナス」に勤務。ラッピング関係のグッズが大好きで、週末はお菓子作りとラッピングに癒やされている。

みっちん

あきちゃんと2人暮らししている黄色いインコ。大学の講師としてWebライティングの講義を受け持っている。好きな食べ物はアップルパイ。

紀田

あきの上司。いつもおだやかで優しくみんなをまとめている。パソコンの操作や最新のIT情報に疎い。

守屋

社会人1年目。あきちゃんの同期としてルミナスに入社。まじめで何事にも真剣に取り組む。得意なことはデータ分析。

本書の読み方

ご注意

- ●本書に登場するツールやURLの情報は2025年1月段階での情報に基づいて執筆されており、執筆以降に変更されている可能性があります。
- ●本書中の会社名や商品名は、該当する各社の商標または登録商標です。本書中では ™ および ® は省略させていただいております。
- ●本書の制作にあたっては正確な記述につとめましたが、著者や出版社のいずれも、本書の内容に関して何らかの保証をするものではなく、内容に関するいかなる運用結果についても一切の責任を負いません。あらかじめご了承ください。

●書籍のサポートサイト
書籍に関する訂正、追加情報は以下のWebサイトで更新させていただきます。
https://book.mynavi.jp/supportsite/detail/9784839987220.html

目次

まえがき ……………………………………………………………… 2

登場人物紹介 …………………………………………………………… 3

Part 1　書くための準備をしよう …………… 8

1-1　好きなように書こう ………………………………… 11

1-2　書く環境を作ろう …………………………………… 14

1-3　全体の流れをイメージしよう ……………………… 29

GOAL …………………………………………………………… 32

Part 2　コンセプトを決めよう ………………… 33

2-1　コンセプト設計の考え方 …………………………… 35

2-2　サイトのアクセスを解析しよう（**Google Analytics**）… 45

2-3　競合サイトのアクセス状況を調べよう …………… 49

2-4　自社サイトの検索順位を知ろう …………………… 58

2-5　見込み客の人物像を調べよう ……………………… 61

2-6　社内データで調べよう ……………………………… 66

2-7　企画書を作ろう ……………………………………… 67

GOAL …………………………………………………………… 71

Part 3 企画を考えよう 72

3-1	1記事1テーマで書こう	74
3-2	キーワードを調査しよう	75
3-3	旬な話題をチェックしよう	80
3-4	ユーザーの課題を解決しよう	84
3-5	記事のもとになるアイデアを出そう	87

GOAL 94

Part 4 構成を作ろう 95

4-1	Webページの構成を学ぼう	97
4-2	Webの文章の型を学ぼう	100
4-3	ワイヤーフレームを作ろう	111
4-4	材料を集めよう	113

GOAL 120

| Part 5 | 文章を書こう | 121 |

5-1	キーワードを入れよう	123
5-2	見やすい文章にしよう	126
5-3	Web の文章のルールを学ぼう	131
5-4	わかりやすい書き方を学ぼう	136
5-5	書けないときは声に出そう	148
GOAL		151

| Part 6 | 文章を見直そう | 152 |

6-1	知らないことは書かない	154
6-2	決めつける言い方をしない	156
6-3	著作権に気をつけよう	158
6-4	引用のルール	163
6-5	用語・用法をチェックしよう	169
6-6	校正しよう	176
GOAL		187

| Part 7 | キャッチコピーで心をつかもう | 188 |

7-1	タイトルの基本を学ぼう	190
7-2	心を動かすタイトルを作ろう	201
7-3	タイトルを作り、見出しを調整しよう	204
7-4	リード文の基本を知ろう	208
7-5	リード文を書こう	212
GOAL		217

| Part 8 | 公開後の更新を大切にしよう | 219 |

8-1	アクセス解析をしよう	221
8-2	自社の話題をチェックしよう	224
8-3	定期的に過去記事を更新しよう	227
8-4	価値の低い記事は思い切って削除しよう	232
8-5	ユーザーを巻き込もう	233
GOAL		235

| 主要参考文献 | 236 |
| 索引 | 238 |

Part 1

書くための準備をしよう

紀田
うーん。最近、売上が落ちてきている。

守屋
そうですね…。今朝の新聞で見たんですけど、A社（競合他社）はWebサイトに力を入れることで売上を上げているようです。通販サイト、右肩上がりみたいですよ。

紀田
Webサイトか！

守屋: 当社にも通販サイトがありますが、ほとんど小売店さんからの売上で持っていますよね。でもA社は「顧客のニーズを満たすオリジナルコンテンツをWebサイトで発信している」と書かれていましたよ。

あき: （A社サイトを見ながら）A社のサイトにはプロが教えてくれるラッピングアレンジのページがあります。毎週更新されていますね！　当社が更新できているページは、商品ページ、お知らせページ……だけです。当社にはオリジナルコンテンツがありません。

紀田: 何かこう、お客様を通販に誘導できる目玉のコンテンツは作れないだろうか。そうだ！　社内の誰かが「中の人」として情報発信するのはどうだろう？

守屋: いいですね！

あき: おもしろそうです！

紀田: じゃあ、池井さん。池井さんにWeb担当者をやってほしい。

あき: えっ、私ですか！？　Webで記事を書いたことはないんですが…。

紀田: インターネットは若い人のほうが詳しいよ。どんどん記事を書いて更新していってほしい。

会議終了

はぁ。Web担当者、荷が重いなぁ。

（バサバサバサ！　インコのみっちんが飛んできた！）
あきちゃん、話は聞かせてもらったわ！

あっ、みっちん。みっちんたら元気いっぱいね。おっ、今日の毛並みつやつやね。

いつもつやつやで美しいです。

いつもつやつやで美しいです？

新入社員なのに大事な仕事を任されるなんて、さすがあきちゃん！

みっちん……。私、文章を書くことが苦手で、Webの知識があるわけでもないの。どうしよう……。あっ、そういえば、みっちんは大学でWebライティングの授業を受け持ってる先生だよね。

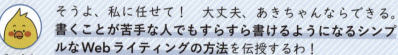
そうよ、私に任せて！　大丈夫、あきちゃんならできる。**書くことが苦手な人でもすらすら書けるようになるシンプルなWebライティングの方法を伝授するわ！**

そんないい方法があるなら知りたいな！

1-1 好きなように書こう

みっちん
あきちゃん、書くことが苦手になったきっかけって何かあるの？

あき
うん。中学生の頃、国語の先生に作文を酷評されてから文章を書くことに苦手意識があるんだよね。

みっちん
……。それは傷つくわよね。でも、全然気にすることないわ！ 作文には評価基準があって、その基準に合っているかどうかで採点されるの。文章が書けるかどうかは別問題よ！

あき
そっかあ。そうなんだね！

1-1-1 作文の成績は文章力と関係ない

学校教育の作文は、複数の評価項目により採点されます。

評価が高くなりやすいのは「美文」。美文とは、感情表現が豊か、なめらかで美しい、生き生きとした表現を指します。この恩恵を受けるのは、ごく少数の美文が書ける生徒です。

一方で、理系の才能のある生徒は損をします。理系の子は事実を事実として見て、そのまま表現する能力に秀でています。観察力が高く、客観的、理知的、学術的。しかし、文章を飾ることは苦手です。

システムエンジニアや科学者のなかには、文章力の高い人も多いです。にもかかわらず、彼らは「学生時代、全体的に成績がよいのに作文の点数だけ悪かった。自分は文章が書けない」と言います。
　これは学校教育の評価基準に合わなかっただけなので「書けない」という思い込みを捨てましょう。

1-1-2 文章に正解はない

　文法や語句の意味など正解が決まっているものもありますが、基本的に文章に正解はありません。文章には個性が表れます。必ず人格がにじみ出るのです。
　また、**文章の良し悪しの基準は、人によって異なります**。世の中には、年齢、性別、職業、趣味、習慣、生活様式などが異なる、さまざまな人がいます。多くの人から称賛される文章であっても、よいと思わない人が必ずいるでしょう。

あき

「文章に正解はない」って言われると、ちょっと安心するなあ。

1-1-3 自分を肯定しよう

　文章が書けない原因の多くは「上手に書かないといけない」と思っていることです。自分で勝手にハードルを上げてしまっているのです。特に、まじめな人ほどこの傾向にあります。

　あまりにも完璧なものを想像していると書き始めるのが苦痛になるので、身構えるのはやめましょう。無理して頑張って書こうとするよりも、**リラックスした状態で気楽に書く**ほうがすいすい進みます。

　書き始めてからも、細かなところを気にして考え込んでしまうと止まってしまいます。まずは好きなように書いて、後から見直しましょう。

　また、自分を否定している状態では書くことができません。自分に対して「できる」と声に出して言ってみてください。言葉に出せばその気になってきます。**自信を持って、自分らしく、プラス思考で書きましょう。**おおらかな気持ちでいることが一番大事です。

みっちん
　私レベルになると鼻歌を歌いながら書いてるわ。あきちゃんも鼻歌を歌いながら書きなさい。

あき
　ぷっ（笑）、そんなの無理だよ！

みっちん
　そう、その笑顔！　あきちゃんはあきちゃんのままで完璧なんだから、今みたいに笑って明るい気持ちで書けば、きっとうまく書けるわよ！

1-2 書く環境を作ろう

みっちん： あきちゃん、猫背になってるわよ。

あき： はっ！ 気をつけなきゃ。

みっちん： 人生は環境がすべて。気をつけようっていう意志の力ではどうにもならないわ。見て！ ここにリンゴがおいてあるからつい食べてしまうの。むっしゃむっしゃ。

あき： みっちん、さっきごはん食べたばっかりでしょ。食べちゃだめ。

みっちん： だって大好物が目の前にあったらしょうがないでしょ。あきちゃんには、むっしゃむっしゃ、強制的に姿勢がよくなる、ごくん、方法を教えるわよ！ うっま！

1-2-1 姿勢を正そう

　猫背の状態で長時間パソコンを使用すると、頚椎（けいつい）がまっすぐになってしまう「ストレートネック」になる可能性が高まります。最初は軽い肩こりでも、腰痛、目の疲れ、頭痛、吐き気などへ重症化し、日常生活に支障をきたすこともあるでしょう。

　社会心理学者エイミー・カディの実験によると、堂々とした姿勢だ

と自信のある心持ちになり、ストレス度も下がると言われています。逆にうつむき加減の状態では自信がない、ストレス度の高い状態になるそうです。

　パソコンを使うときは、目線が上向きになるほどの堂々とした姿勢をとる必要はありませんが、猫背にならないようにしましょう。
　デスクトップパソコンを使う場合は、モニター画面は頭よりやや下、肘の角度は90度以上で、足はしっかり床につけます。手首はデスクの上で自然に動かせる状態がベストです。**前傾姿勢にならないように注意しましょう。**

パソコン使用時の姿勢
出典：https://medical.jiji.com/topics/200

　デスクトップ型では液晶モニターアーム、ノート型ではパソコンスタンドを使うことにより、強制的に姿勢を正すことができます。高さが足りないときは、机上台を合わせて使うとよいでしょう。

1-2-2 ｜ ディスプレイを見やすく設定しよう

　パソコンの画面を長時間見ていると、目に負担がかかります。「明るさ」「夜間モード」（ブルーライトカット）の設定を自分に合うように調整しましょう。
　画面が明るすぎると目への刺激が強くなるので明るさを抑えます。室内とディスプレイの明るさが同じくらいになるようにしましょう。夜間モードは、ディスプレイから発せられるブルーライトを低減する機能です。赤みがかったやさしい色になるので、目の疲れが軽減され、視認性が向上すると言われています。
※「夜間モード」は使用しているデバイスにより呼称が異なる場合があります。

ステップ ▶ **Windows での設定方法**
①デスクトップ画面を右クリック。
②「ディスプレイ設定」をクリック。
③「明るさ」と「夜間モード」を調整。

1-2-3 ｜ 書くスピードを上げる入力設定

あき

うーん、おかしいな。漢字が変換されないよ。

みっちん

あきちゃん、「げんいん（原因）」って入力したいんだろうけど、「げいいん」になってる。

本当だ！
あき

パソコンの言語入力方式をGoogle 日本語入力にすれば、正しく入力できていなくても推測して漢字を表示してくれるわよ。Google 日本語入力の使い方を教えるわね。
みっちん

　Google 日本語入力は、途中までの入力で予測変換ができ、間違った日本語を入力した場合は＜もしかして＞と正しい言葉を表示してくれます。英単語を入力したいときも、日本語で入力しても正しい英語に変換されますので、スペルミスが減ります。さらに、長い言葉や通常の入力では出ない漢字など、よく使う言葉を辞書登録しておくことで入力時間が短縮できますよ。

ステップ Google 日本語入力の設定方法（Windows の場合）

①「Google日本語入力」（https://www.google.co.jp/ime/）にアクセス。

②「WINDOWS版をダウンロード」をクリック。

③「同意してインストール」をクリック。このとき、「オプション」
と書かれたチェックボックスはチェックしなくても問題ありません。

④ダウンロード完了後、画面右上に表示されるファイルをクリック。
「このアプリがデバイスに変更を加えることを許可しますか？」と

いうダイアログが表示されたら「はい」をクリックします。

⑤「ダウンロードしています」と表示されます。

⑥チェックボックスが3つ表示されるので、すべてチェックされたままOKをクリック。

⑦完了です。画面右下の「言語」をクリックすると「Google日本語

入力」が追加されているのを確認できます。初期設定では「日本語 Microsoft IME」が入っていますが、これで日本語 Microsoft IME から Google 日本語入力に変更されました。

あき　あっという間にインストールが終わっちゃった。

みっちん　次は、よく使う言葉を「辞書ツール」に登録しておこう。例えば、「なまえ」って入力するとあきちゃんの名前「池井秋子」が瞬時に出るようにしておくといいわ。

あき　すっごい便利だね！

みっちん　長い言葉を登録しておくのもいいわよ。「あり」って入力すると「ありがとうございます。」が出るようにするとか。

ステップ　よく使う言葉を辞書ツールに登録する

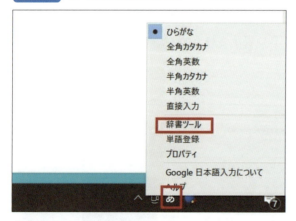

①画面右下にある「あ」を右クリックして、「辞書ツール」をクリックします。

②辞書ツールが表示されます。

③「追加」をクリックして登録します。例えば、よみに「あり」、単語に「ありがとうございます。」と登録すると、「あり」と入力したときのサジェストに「ありがとうございます。」が表示されるようになります。ちなみに自動保存されるので、画面に保存ボタンはありません。長文、難読漢字など、ぜひ登録してみてください。

1-2-4 スムーズに書くためのツール

あき

よし、これで書く環境は整った。Webサイトを更新する管理画面にログインしよう。

みっちん

あきちゃん、待って！ 管理画面に直接入力すると入力ミスのチェックができないわ。もう1つ便利なツール「Googleドキュメント」を紹介するわ。

　Googleドキュメントは、入力ミスや文法ミスをチェックし、不正確と考えられる箇所を指摘してくれます。よりよい表現にするための提案機能も使えますので、下書きツールとして活用しましょう。またGoogleドキュメントには、音声入力、自動保存、パソコンとスマートフォンの同期などの機能も用意されています。

　Googleドキュメントで文章を完成させたあと、コピー＆ペーストでWebサイトの管理画面に入力するとよいでしょう。

ステップ Googleドキュメントの表示方法

①Googleアカウントにログインした状態で、ブラウザで「Googleドキュメント」と検索。タイトルが「Google ドキュメント：ログイン」になっているページを開きます。

②「無題のドキュメント」が表示されます。

`ステップ` 提案機能の使い方

①試しに「Webページは公開後いつでも更新できますが、一度公開したことは消せません。」と入力してみましょう。

②「ツール」＞「スペルと文法」＞「スペルと文法のチェック」をクリック。

③文中の「ことは」が色付きになり、画面右上の「スペルと文法」に「ことは　の変更候補：ものは」が表示されます。「無視」または「承諾」を選択します。なお、「＞」で次の候補へスキップすることも可能です。

みっちん
訂正案を提案してくれるから、見直すときに使えるわ。間違っていない場合は無視してOKよ。

あき
音声入力もできるんだよね？

みっちん
そうよ。書くより話したほうがやりやすい場合は、音声入力を使ってみて。

> ステップ　音声入力の方法

①「Googleドキュメント」を開きます。

②「ツール」＞「音声入力」をクリック。

③マイクのマークが表示されるのでクリック。

④話してみましょう。音声が入力されます。

上記の画面の文字部分

はいではいろいろなことを話したいなと思います Google ドキュメントはとても便利なツールで様々なことができるのでぜひいろいろ使ってみてください

⑤入力された文字部分を見ると、正確に入力されていることがわかります。普通のスピードで話せばよいですが、ゆっくり話したほうがより精度が上がります。

あき

本当だ！　話したことが文字になっていく。

みっちん

記号も入力できるわ。一覧を載せておくわね。

入力できる記号一覧

読み方	記号
とうてん	、
まる	。
あたらしいぎょう	改行
あたらしいだんらく	改段落
はてなまーく ぎもんふ くえすちょんまーく	?
すらっしゅ	／
かぎかっこ	「
かぎかっことじ	」
びっくりまーく	！
なかぐろ	・
はいふん	ー
こめじるし	※
あすたりすく ほしじるし	＊

スマートフォンでも使えるんだよね？

もちろん！　スマートフォンのほうがSNSに投稿するときのような感覚で書きやすい人もいるわ。同じGoogleアカウントでログインしておけば、パソコンとスマートフォンの情報が同期されるから、どっちも使って書くことができるわよ。

どうすればスマートフォンで使えるの？

同じGoogleアカウントでログインするだけよ。スマートフォン用のQRコードを教えておくわ。

1-3 全体の流れをイメージしよう

あき　書くっていっても、私は何も書けることがない。どうしよう……。

みっちん　あきちゃん、何も調べないで書ける人なんていないわよ。書くよりも前段階の調査のほうが大事なの。

あき　調査が大事？

みっちん　そうよ。Webライティングは書く前段階の調査と、調査にもとづいた企画立案が9割。あきちゃんがスムーズに書き進められるように、シンプルなWebライティングの手順を紹介するわ。

1-3-1 シングルタスクを心がけよう

「調べながら書く」など複数のタスクを同時にこなそうとすると、作業が煩雑になり非効率です。**調査、分析、企画立案、ライティングと作業を分類し、シンプルに作業するとよいでしょう。**集中力が増し、質の高いコンテンツを作ることができます。ライティングの前にほかの工程をすべて済ませておくと円滑に進むでしょう。

1-3-2 │ Webライティングの大まかな流れ

1 アクセス解析
Webサイトのアクセス解析により、現状を把握する

2 市場調査分析
世の中にはどのようなニーズがあるのか調べて分析する

3 コンテンツ企画立案
調査結果をもとに、ユーザーの求める企画を考える

4 ページ構成を作る
ページの大枠を作り、必要なテキストや画像を視覚的にわかるようにする

5 情報収集
ページ構成をもとに、テキストや画像など記事の素材を集める

6 ライティング
集めた情報をもとに、一気に文章を書く
書き終えてから丁寧に見直す

この章のポイント

- 自分を肯定し、プラス思考で書く
- パソコン周りの環境を整えて、効率的に作業する
    - 自然と姿勢がよくなるパソコン環境を作る
    - ディスプレイの設定を自分に合うように調整し、見やすくする
    - 言語入力方式を Google 日本語入力にする
    - ライティングに Google ドキュメントを使用する
- シンプルな Web ライティングの手順で進める
    - 複数のタスクを同時にこなそうとせず、シングルタスクを心がける
- スムーズに書く手順は「調査」「分析」「企画立案」「ライティング」

GOAL

あき

なんかやれる気がしてきた！

みっちん

あきちゃんならできる！ Webの文章の書き方は、紙媒体向けの文章の書き方とは違って、プレゼンやスピーチの話し方と同じよ。

あき

そうなんだ！

みっちん

だから、あきちゃんがWebライティングを習得することで、**話す力も同時に身につく**のよ！

あき

へぇー、いいな！ プレゼンがうまい人ってかっこいいよね。よろしくお願いします、みっちん先生！

みっちん

私についてきて！ …あっ、申し訳ない。たくさん喋ってのどが渇いたから水分補給するわあ！

Part 2

コンセプトを決めよう

あき
Webの記事を作るのって、工程がたくさんあって大変そう……。

みっちん
大丈夫よ！ あきちゃんが好きなラッピングと同じだから。

あき
えっ、ラッピングと同じ？

みっちん

この前、私の顔そっくりのクッキーを作ってくれたわよね。お母さんに贈るためにクッキーを袋に入れて、リボンを結んで、かわいいタグもつけて。あのとき、どういう工程でラッピングしたの？

あき

えっと、まずラッピング方法を調べるでしょ。そこから自分なりに案を考えて、どんな最終形にしたいかをメモに書く。必要な材料を集めて作る。こんな流れかな。**お母さんの喜ぶ顔**を想像してラッピングしたよ。

みっちん

Webライティングも同じ流れよ！　書く内容について調べる、考える、紙に設計を書く、必要な情報を集める、書く。**誰に向けてどんな価値を提供していくのか**、まずはオリジナルコンテンツのコンセプトを決めよう！

2-1 コンセプト設計の考え方

あき
ん？ 設計？ いきなり記事を書いちゃだめなの？

みっちん
やみくもに記事を書く企業の多くは、目的を達成できていない傾向にあるわ。記事を書く前に、全体のコンセプトを明確にしよう。

2-1-1 最終目的を明らかにしよう

　最終目的を設定することにより、方向性が明確になります。記事を書くことは手段です。書くことが目的にならないように、**何のために書くのか最初にゴールを決めましょう。**

> 最終目的の例
> - 新規顧客数の増加
> - 採用希望者数の増加

みっちん
あきちゃん、ルミナスオリジナルコンテンツの最終目的は何だったかしら？

35

あき　通販サイトの売上を上げることだよ。**新規購入者数を増やすこと。**

みっちん　そうよね！　どうしたら新規購入者数を増やせると思う？

あき　うーん……。まずは**記事が多くの人に読まれる**ことかな？

みっちん　さすがあきちゃん！　じゃあ、どうすれば多くの人に読んでもらえるか考えよう！

2-1-2　ユーザーとの橋渡しをする検索エンジン

　パンフレット、リーフレット、チラシなどの紙媒体は手渡しできます。一方、Webページは紙のように手渡しできず、ユーザーにページまで来てもらわなければなりません。

　ユーザーは検索エンジン経由、SNS経由、他サイト経由、直接入力（URL入力）によりページへ訪れます。なかでも、**検索エンジン経由のユーザーが多い**傾向にあります。検索エンジンから訪れるユーザーは興味関心度が高く、積極的に情報を探しています。

　2020年7月14日にSISTRIX社が、8000万以上のキーワードと数十億の検索結果を分析した調査結果によると、Google検索順位1位の平均クリック率は、28.5%。3位までは10%以上と、**検索結果の上位ほど多くの人からクリックされている**ことが見て取れます。

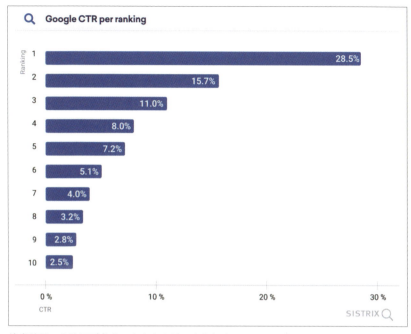

検索結果の上位ほど多くの人からクリックされる
出典：SISTRIX "Why (almost) everything you knew about Google CTR is no longer valid"
(https://www.sistrix.com/blog/why-almost-everything-you-knew-about-google-ctr-is-no-longer-valid/)

あき

わぁ、上の方にあるサイトってきっとすごく人気があるんだろうな！

みっちん

あきちゃん、検索エンジンで上位表示されていると人気があると思われがちだけど、実は検索エンジンに最適化した書き方や表現の仕方をしているかどうかで順位は決まるのよ。

あき

えっ、そうなの?!

みっちん

検索エンジンで上位表示されると多くのメリットがあるわ。

> **検索結果で上位に表示されるメリット**
> - 新規顧客の獲得
> - リピーターの増加
> - 採用希望者の増加
> - ブランド力の向上
> - 知名度の向上

みっちん　業務内容に関係のあるキーワードで検索結果の上位に表示されていると「この業界ならこの会社！」って思ってもらえるの。

あき　すごくいいね！　それに、クリックされる率も高くなるから、見込み客を多く獲得できるよね。

みっちん　そうね。検索エンジンは、ユーザーとWebサイトをつなぐ「橋」よ。

あき　大事なものだね。でも、どうすれば検索エンジンの検索結果で上位に表示できるんだろう？

2-1-3 検索エンジンで上位表示する方法

　日本の検索シェア約9割を占めるGoogleの検索エンジンは、検索結果の上位表示に主に3つの基準を採用していると考えられます。

（※Yahoo!は2010年からGoogleの検索エンジンを使用しているため、Googleの検索エンジンに含みます）。

> **検索エンジン上位表示のための3つのポイント**
> - 内容のオリジナリティが高い
> - 専門性が高い
> - 他のサイトからリンクされている

　人の役に立つ、オリジナリティの高いユーザーファーストの情報を発信することが重要です。

　誰が書いたものであるか（**専門性、権威性、信頼性が高い人物や組織が提供している**ものか）も重視されます。2022年12月15日には、より適切な評価のために、**実体験をもつ人**が作成したかどうかも評価基準に加えられました。実体験をもつ人が作成した記事が、専門家の記事よりも高く評価される場合もあります。

　また、オリジナリティの高い記事は、多くのサイトからリンクされる可能性が高いです。このため、**信頼性・関連性の高いページからリンクされている**かどうかも評価基準の1つにされています。

あき　オリジナリティの高い記事かあ。

みっちん　今まさにやろうとしているオリジナルコンテンツの作成ね。

　検索順位はオリジナルコンテンツを作ることにより上がっていきます。ユーザーにとって価値ある情報を定期的に発信していくことで少しずつ効果が現れていきます。始めてすぐはなかなか効果が出ないこともあるかもしれません。しかし、半年、1年と継続して記事を公開していくことにより、少しずつサイトの検索順位は上がっていきます。

2-1-4 誰が書くのかを明確にしよう

「何を言うかは、どう言うかより重要」

これは、アメリカの著名なコピーライターであるジョン・ケープルズの言葉です。文章力よりも文章の内容が大切であることは明らかです。しかし、ChatGPTに代表される生成AI（人工知能）の登場により、AIを利用すれば、誰でも専門家レベルの高品質な文章を瞬時に作成できるようになりました。

内容では差別化しづらくなった今、Web上の文章は「**何が書かれているか**」より、「**誰が書いているか**」**が重視されるようになっています**。もちろん、Web上にない情報を書くことが重要であることは変わりません。その上で、記事を書いた人が誰であるかが注視されるようになったのです。

オリジナリティを大切にする
- **Web上にない情報を書く**
- **書き手にしか書けない情報を書く**

人は会社には感情移入しにくいですが、人には感情移入しやすいです。個人への信頼や愛着がそのまま会社への信頼や愛着につながるので、人間らしさを出していきましょう。**他の人が書けない経験や知識を持った情熱のある人が発信する**とよいです。

あき　他社はプロのコーディネーターが手の込んだラッピングアレンジを紹介してるけど、私にあんなすごいことはできない…。どうしよう。

みっちん　……。あきちゃんはどうしてルミナスに入社したの？

あき　私、お菓子をラッピングするときによくルミナスのグッズを使っていたの。だから就活の面接で、商品のおしゃれさ、使い勝手のよさについて熱く語ったなあ。

みっちん　あきちゃんは、Web担当者適任よ！

あき　えっ、どうして？

みっちん　**自社の商品に対して愛情のある人の情報発信、これが一番**だから。あきちゃんは毎週お菓子作りしてラッピングしてる。プライベートでよく使っている商品、新商品からピックアップしたイチオシで、ラッピング例とか載せてみるのはどうかしら？

あき　私なりのアレンジでいいなら。短時間で作っているのに、こだわっているように見える方法を紹介できるよ。

みっちん　すごい！

あき　でも、プロと比べて見劣りしちゃうと思うんだよね……。

みっちん　お客様にとっては、中の人のアレンジ方法がわかるし、自分でも簡単にラッピングできそうって思われるんじゃないかしら。**短所だと思っているところは、実は最大の長所**なのよ。手軽にできる簡単ラッピングって素敵！

あき

ありがとう！ 私は入社1年目だけど、だからこそ若い感性で書けると思う。こう見えて小学生の頃からルミナスのグッズを使っているから愛用歴10年超えてるんだよ！

みっちん

すごいじゃない！ あきちゃんのよさを活かしていこう！

2-1-5 誰に向けて書くのかを明確にしよう

誰が何を書くのかが大事であると前述しました。何を書くのかは、誰向けであるかにより異なります。**お客様の中核となる理想の顧客像（ペルソナ）**を決めましょう。

ペルソナ

ペルソナは人格です。属性（年齢、性別、住所、職業など）に加えて、趣味、価値観、ライフスタイル、今後の課題や希望など、その人らしさがあります。

ペルソナを設定しておくことにより、ペルソナが必要とする企画を考え、ペルソナに刺さる表現で届けることができます。ペルソナに近い人にも「自分に関係があるかもしれない」と思われ、読んでもらう

こともできるでしょう。逆に、多くの人に伝えようとすると誰にも届きません。

人物像が想像できるくらい具体的に設定することにより、多くのお客様を取り込むことができ、目的を達成しやすくなります。

あき　ルミナスのお客様はF1層（20〜34歳の女性）が多い。あっ、F1層って属性だ。ペルソナじゃないね。

みっちん　そうね。調査することで、もっとリアルな人物像、つまりペルソナが設定できるわ。

2-1-6 ｜ コンセプトを作ろう

　ブレない情報発信のためには軸となるコンセプトが必要です。**コンセプトとは「誰が、誰に、どのような手段で、どのような価値を提供するか」**。ペルソナにとって価値あるコンテンツを提供するために、コンセプトを設計しましょう。

　コンセプトを設計するために、まずペルソナを決めます。2-2からは、Webツールを用いて世の中のニーズを調査します。調査結果にもとづきペルソナを設定し、ペルソナに対して、どのような手段でどのような価値を提供していくのか企画します。

　本章の終わりには、次のページのペルソナシートを埋め、コンセプトを固めて、企画書を完成させます。

コンセプト

誰が、誰に、どのような手段で、どのような価値を提供するか

ペルソナシート

名前（仮名）	
性別	
年齢	
職業	
学歴	
住所	
家族構成	
平日の過ごし方	
休日の過ごし方	
趣味	
好きなメディア（※YouTubeチャンネル、テレビ番組、雑誌、Instagramなど）	
課題	
希望	

企画書

概要	
最終目的	通販の新規購入者数を増やす
コンセプト	

2-2 サイトのアクセスを解析しよう（Google Analytics）

みっちん
あきちゃん、今のWebサイトのアクセス解析を確認しよう。Google Analytics（グーグルアナリティクス）にログインしてみて。

あき
うーん、これはどう見たらいいの？

みっちん
いろいろな指標があるけど、重要なところを解説するわ。

2-2-1 ユーザーがどこから来たか調べよう

　Google Analyticsでは、ユーザーがどこからWebサイトにやって来たかがわかります。

Google Analyticsの画面

ステップ ユーザーの流入経路の調べ方

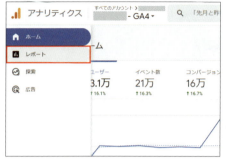

①左上「ホーム」>「レポート」へ進みます。

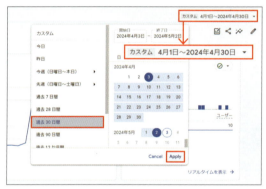

②一番右上の日付をクリックすると表示される画面で「過去30日間」をクリック。「Apply」をクリック。

③「レポートのスナップショット」メニューが表示されるので、下部の「ライフサイクル」>「集客」>「概要」へ進みます。

セッションのメインのチャ...	セッション
Direct	2.8万
Organic Search	6,989
Referral	1,629
Organic Social	151
Unassigned	55
Organic Video	9

トラフィック獲得レポートを表示 →

④スクロールすると表示される「セッション」(セッションのメインのチャネルグループ)でユーザーの流入経路がわかります。なお、Directは直接流入、Organic Searchは検索エンジン経由、Referralは他サイトのリンクからの流入、Organic SocialはSNSからの流入を指します。

みっちん

Webサイトに直接流入しているユーザーは76.0%、とっても多いわね。直接流入は、URLを直接入力したり、お気に入り(ブックマーク)をクリックしたりして来ていることを意味するわ。多くは既存顧客やパートナー企業だと予想できるわ。

あき

新規が少ないってことだね。検索エンジン経由のユーザーは今18.9%だから伸びしろがある。検索エンジン経由のユーザーを増やしたい!

2-2-2 流入キーワードを調べよう

みっちん

検索エンジン経由のユーザーを増やすには、まず特定のキーワードで月間何回検索されているかチェックしよう。

あき

えっ、そんなことができるの！？

今のページを下にスクロールすると表示される「Googleのオーガニック検索のクリック数」で確認できます。

オーガニック検索キーワード

　下部の青文字「Googleオーガニック検索クエリを…」をクリックするとさらに多くのデータが表示されます。ページ右上で期間を過去12か月間に設定して、チェックしましょう。

あき

社名検索が多いから、本当に知っている人たちばかりなんだね。ラッピング関係のキーワードでも来てもらえるようにしたい！

2-3
競合サイトのアクセス状況を調べよう

あき

競合サイトの状況ってどうなのかな？　そんなのわかるわけないよね。

みっちん

あきちゃん、それがわかるのよ。

2-3-1 ｜ Ubersuggestに登録しよう

　多角的な視点でデータを分析できるWebマーケティングツールUbersuggest（ウーバーサジェスト）を紹介します。Ubersuggestを使えば、**競合サイトの状態を把握できます。**さらに、**自社サイトのキーワード順位チェックも行えます。**

※数値はUbersuggestが独自の評価基準で算出しています。参考程度に見てください。

　Ubersuggestは無料でも使用できます。無料版の場合は取得できるデータ数、1日あたりの検索回数に制限があります。ここでは、無料の場合の登録方法を説明します。

Ubersuggestトップページ
https://app.neilpatel.com/ja/ubersuggest/

> ステップ Ubersuggest の登録方法

① 「最初のプロジェクトを登録する」をクリック。

② 自社サイトのURLを入力して「次」をクリック。

③言語を「日本語」、ロケーションを「日本」にして「追加」をクリックしたあとで「次」を選択(「追加」ボタンを押すと「次」を押せるようになります)。

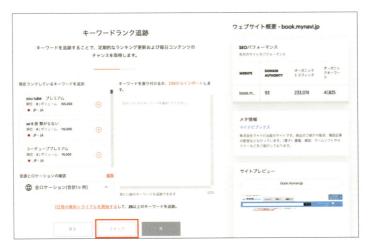

④「キーワードランク追跡」画面が表示されます。ここでは「スキップ」をクリック。

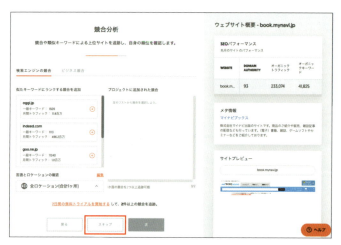

⑤「競合分析」画面が表示されます。ここでは「スキップ」をクリック。

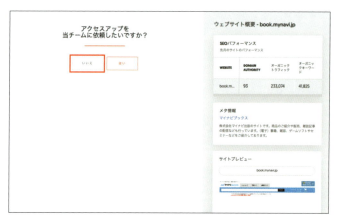

⑥「アクセスアップを当チームに依頼したいですか？」という質問に対して「いいえ」をクリック。

⑦「あと少しで完了!」の画面で「登録」をクリック。

⑧Googleアカウントまたはメールアドレスを入力。登録すると、引き続き無料でUbersuggestを利用できます。

⑨トップページが表示されました。

みっちん

キーワードランク追跡や競合分析はいつでも登録できるから、今はスキップしよう。

2-3-2 | 競合サイトのアクセス状況を調べよう

みっちん　Ubersuggestでわかることを、ポイントを絞って紹介するわ。

競合サイトに検索流入したキーワード、検索で見込める推定月間流入数、検索流入されているページなど多くの情報を知ることができます。

ステップ▶「トラフィック概要」ページの表示方法

①右上のメニュー☰をタップし、「トラフィック予測」>「トラフィック概要」をクリック。

②競合サイトのドメインを入力して「検索」をクリックします。

ステップ ―「トラフィック概要」の見方を知っておこう

①トラフィック概要を確認してみましょう。

用語の意味

オーガニック：検索で見込める推定月間流入数
オーガニックキーワード：検索で流入してきたキーワードの数
DOMAIN AUTHORITY：Webサイトが検索結果ページでどの程度ランクするかの推定値（1から100で表示され、ランクの可能性に応じて数値が高くなる）
被リンク：外部サイトから当該サイトへ貼られたリンク数

　このままトラフィック概要画面をスクロールします。「月間オーガニックトラフィック」「SEOキーワードランキング」の下にある「トップSEOページ」と「SEOキーワード」をチェックしてみましょう。検索流入の詳細がわかります。

> ステップ どのページに多くの検索流入があるか調べる

① 画面を下にスクロール。

② 「トップSEOページ」を見ます。

③ 「流入見込み」は検索から見込める推定月間流入数、「被リンク」は外部サイトから当該サイトへ貼られたリンク数を指しています。これらを確認してみましょう。

> ステップ どんなキーワードで多く検索流入しているか調べる

① 画面を下にスクロール。

② 「SEOキーワード」を見ます。

③ 「ボリューム」は月間検索回数、「ポジション」は検索順位、「流入見込み」は検索から見込める推定月間流入数です。どんなキーワードでサイトに流入しているのか確認してみましょう。

2-4 自社サイトの検索順位を知ろう

みっちん

最後に、自社サイトで追跡したいキーワードを設定しておこう。いつでも検索順位をチェックできるわ。

　キーワードの順位を計測することにより、Webサイトを運営しやすくなり、ページの改善や新規記事作成に役立ちます。関わりが深いと思われるキーワードを追加しておくとよいでしょう。

ステップ　追跡したいキーワードを追加する

①Ubersuggestの左上のメニューから「一般」＞「ランク追跡」をクリック。

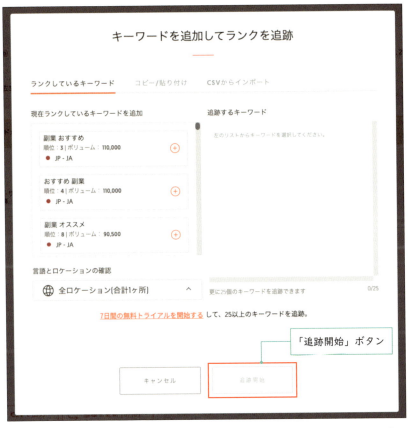

② 「キーワードを追加してランクを追跡」画面が表示されます。「現在ランクしているキーワードを追加」からキーワードを選択するか、「追跡するキーワード」欄に入力して「追跡開始」をクリック。設定後、データが表示されるまでに時間がかかる場合があります。

追跡キーワードは無料版で25個まで追加できるわ。削除、追加はいつでもできるわよ。

「ランク追跡」画面を下にスクロールしたところにある「追跡キーワード」では、キーワードごとの検索順位、順位変動、月間検索回数、検索上位表示の難易度、ランクされているURL、更新日がわかります。定期的に確認し、キーワードを追加、削除するなどして調整しましょう。

③内容を確認しましょう。

> **用語の意味**
> ポジション：検索順位
> 変化：順位変動
> VOL：月間検索回数
> SD：検索上位表示の難易度（最大値100。数値が高いほど上位表示が難しいとされる）

2-5 見込み客の人物像を調べよう

みっちん　ペルソナの作成のために、お客様のことを調べていこう。

市場全体の動向についてWebツールを用いてチェックしましょう。

2-5-1 Q&Aサイト・悩み事解決コミュニティサイト

　検索エンジンで調べるより具体的に調べたいとき、Q&Aサイトを確認すると過去の質問・回答を知ることができます。本来Q&Aサイトは調べ物に利用されますが、逆に**世の中の人がどのような悩みや課題を持っているのかを知る**ために使うこともできるのです。

ラッコキーワード
https://related-keywords.com

> ステップ ▶ Q&A を見る

① 検索ボックス上部のタブが「キーワード検索」になっていることを確認し、キーワードを入力。右横のプルダウンで「Q&A」を選択して「検索」をクリックします。なお、この例では検索キーワードを「ラッピング」としています。

②「ラッピング」の検索結果が表示されました。「Yahoo!知恵袋」「教えて！goo」、2つのサイトを一括検索できるので便利です。

ジャンルごとの悩み事解決コミュニティサイト

ジャンルごとに特化した悩み事解決サイトもあります。例えば、ラッピング関係の悩みであれば、手作り関係の悩みを相談するコミュニティもあります。ジャンルに特化したサイトを探してみるのもよいですね。

2-5-2 SNS

SNSで情報収集することもおすすめです。Instagram、TikTok、X、YouTubeで個別にハッシュタグ（またはキーワード）検索せず、これらをラッコキーワードで一括検索する方法を紹介します。

ステップ 関連ハッシュタグを見る

①検索ボックス上部のタブが「キーワード検索」になっていることを確認し、検索したいキーワードを入力。このあと、右横のプルダウンで「関連ハッシュタグ」を選択して「検索」をクリックします。なお、ここでは検索キーワードを「ラッピング」としています。

②検索結果が表示されました。

　出現数の多いハッシュタグはSNS全体で使用頻度が高いものです。思いがけないハッシュタグがみつかることもあるので参考にしましょう。
　画面から直接各SNSのページに遷移できます。ラッコキーワードで全体的な状態をチェックしたあと、直接各SNSを見て調査するとよいでしょう。

　SNS調査により消費者の課題や希望を知ることができます。どのような人が何を投稿しているのかチェックしてみましょう。このとき、コメント欄も参考になります。また、**人気のある発信者アカウントをフォローしている人に目を向けましょう。**人気のある発信者をフォローしている人に見込み客が多く存在しています。

調査用に非公開アカウントを作っておく

　調査のために自社の非公開アカウントを作っておくと便利です。事業内容に合うアクションを頻繁にとると、自社に合う情報が多く表示されるようになります。情報収集しやすくなるでしょう。

アクションの内容
- 関連投稿を閲覧する
- 関連キーワードを多く検索する
- 関連する投稿者をフォローする
- 関連投稿を保存する

2-6 社内データで調べよう

みっちん　既存のお客様の声はとっても大事よ。

　アクセス解析や各Webツールによる調査も大切ですが、社内で蓄積されたデータも役立つことが多いです。**商品ごとの販売動向、お客様からいただくお問い合わせなど、各部署から情報を集めましょう。**現状の顧客や顧客ニーズから販促面の今後の課題を見つけることができるでしょう。

> **社内データ**
> - 商品やサービスの販売動向
> - Webサイトにいただいたお問い合わせ内容
> - 電話でいただいたお客様の声
> - 広報がメディアからいただく質問

　他部署からの意見は思いもよらない内容であることも多く有益です。「Webサイトの販促を成功させるために力を貸してください」とお願いし、わからない点は質問するとよいでしょう。

2-7 企画書を作ろう

みっちん　最後に企画書を作ろう！

2-7-1 ペルソナを作成しよう

　これまでの調査でわかったことをもとに、ペルソナを作りましょう。
Q&Aサイト・悩み事解決コミュニティサイトで質問している人、SNSで人気のある発信者アカウントをフォローしている人にはどのような課題（悩み）を持つ人がいましたか？　書き出してみるとよいでしょう。

　ペルソナは、SNSやWebページに実在していた人にするとよいです。**綿密に調査することにより、精度が上がります。**できるだけ多く調べることが大切です。ある程度見えてきたら、ペルソナに似た課題や希望を持つ身近な人にインタビューして詳しくライフスタイルを教えてもらうとよいでしょう。

あき　よし！　しっかり調べて、インタビューまでするぞ。

みっちん　インタビューするときは、簡単に答えられることから順に質問するとスムーズに答えてもらえるわ。

ペルソナ

名前	田中あかり
性別	女性
年齢	28才
職業	会社員（広告代理店事務）
学歴	国立大学卒
住所	東京都渋谷区
家族構成	一人暮らし
平日の過ごし方	朝から晩まで仕事が忙しい。残業が多く、帰宅後は疲れて寝る。
休日の過ごし方	お菓子作り、友達と食事、YouTube 視聴、Instagram 閲覧
趣味	お菓子作り、ラッピングアレンジやラッピング用品のリサーチ ・お菓子作りをすると癒やされる ・友達に手渡すと喜ばれるのがうれしい ・ラッピング用品をリサーチすることで完成イメージがはっきりし、モチベーションが高まる
好きなメディア	YouTube（スイーツ、焚き火の ASMR）、Instagram（海外の海）
課題	毎回同じようなラッピングになってしまっている ・季節やイベントに合う新しいものにしたい ・簡単なのに手の込んだ作品に見えるアレンジ方法を知りたい
希望	友達を感動させたい、驚かせたい

2-7-2 企画書を作成しよう

みっちん

ペルソナの田中あかりさんをイメージして企画書を作ろう。課題や希望をもとに作成するといいわ。

企画書

概要	【中の人が教える】簡単なのに映えるラッピングアイデア（仮）
最終目的	通販の新規購入者数を増やす
コンセプト	小学生の頃からお菓子作りとラッピングが大好きな中の人（ルミナス愛用歴 12 年）が、ペルソナ向けに、短時間で手の込んだ作品に見えるラッピングアレンジを伝えることで、ペルソナの友達に感動や驚きを与えるという明るい未来を提供する。

みっちん

いい感じの企画ができたわ！

あき

うん！ 次の会議に出すね。

> ## この章のポイント

コンセプトを設計する

「誰が、誰に、どのような手段で、どのような価値を提供するか」

コンセプトを設計するために調査する

- 自社サイトの状況を知る – Google Analytics
- 総合マーケティングツール – Ubersuggest
    - ・競合他社サイトのアクセス状況を把握する
    - ・自社サイトのキーワード順位をチェックする
- 見込み客の人物像を調べる – ラッコキーワード
    - ・Q&Aサイト
    - ・SNS
- 社内データを調べる

GOAL

あき

（紀田さん、守屋さんと会議中）
「【中の人が教える】簡単なのに映えるラッピングアイデア」どうでしょうか？

守屋

いいですね！　池井さんの経験がお客様の役に立つと思います。

紀田

今はコーポレート色の強いページばかり。オリジナルコンテンツはお客様に親近感をもってもらえる温もりのあるものになるといいな。池井さんの案はぴったりだ！

あき

ありがとうございます！

紀田

ところで、コンテンツがどのくらい見られたのか、どのくらい成果につながったのかデータで見られるとよいのだけれど。

守屋

アクセス解析データを作成すればよいと思います。データ解析は得意なので、私がデータを作ります。

あき

守屋さん、助かります！　私もアクセス解析データの見方はわかっているので（みっちんが教えてくれたんだけど）、見ながらPDCAを回していきます！

Part 2　コンセプトを決めよう

Part 3

企画を考えよう

記事作成スタート

あき

（暗い顔をして）うーん。あー、どうしたらいいんだろう。

みっちん

あきちゃん、どうしたの？ 何か悩み事でもあるの？

あき

私、何を書いたらいいかわからなくて、困っているの。

みっちん

なんだ、そんなこと！　あきちゃん、Webライティングって最初に何するんだったっけ？

あき

最初は……。調査！　いきなり書くんじゃなくてまずは調査するんだったね。

みっちん

そう！　調査、分析、企画立案、ライティング。

あき

まずは調べ物ね。

みっちん

いろいろな調べ方を紹介するわ。調べたことをもとに記事の内容を考えよう！

3-1
1記事1テーマで書こう

みっちん

「テーマ」は「主題」や「メッセージ」という意味よ。記事を書くときは、1記事につき1テーマにしよう。

　Web記事は1記事1テーマで書きましょう。多くの内容を1つの記事に入れようとすると、何について書かれているのか、何が言いたいのか、曖昧になってしまいます。漠然と広く浅く書かれているよりも1テーマに絞って書かれている記事のほうが、濃い内容になります。
　また、検索エンジンは、ぼんやりとした広く浅い記事を評価しません。例えば、「ハロウィンスイーツのラッピングアイデア」の記事を書くのであれば、「ハロウィンの楽しみ方」「おすすめの仮装」などラッピングに関係ない内容を入れるのは控えましょう。**深く、詳しく、とがった記事**にしましょう。

あき

多くの内容を書きたいときはどうすればいいの？

みっちん

1つの記事で無理して書かずに、記事を分けるといいわよ。1記事1テーマ、濃密な内容にしよう！

3-2 キーワードを調査しよう

みっちん

第2章で紹介した Ubersuggest を使ったキーワードの調査方法を紹介するわ。

3-2-1 オリジナリティが重要

　ペルソナに刺さるオリジナル企画を考えるには、調査が欠かせません。綿密な調査により得られた情報をもとに記事の内容を考えます。

　検索エンジンは、似通った記事があると、最も関連性の高いものを表示させ、他は表示させない傾向にあります。**他サイトとはかぶらない独自性の高い企画を考えましょう。**

みっちん

オリジナルであるかどうかが重要よ。

3-2-2 キーワードの候補を調べよう

　Webライティングは、キーワード調査から始まります。記事を作るにあたり、第2章で紹介した Ubersuggest を具体的にどのように活用していけばよいか解説します。

①右上のメニュー☰をクリックしたあとの画面で「キーワードリサーチ」＞「キーワード候補」をクリック。

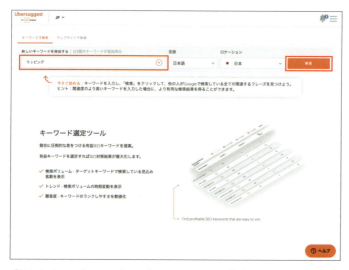

②検索窓に「ラッピング」と入力し、「検索」をクリック。

みっちん

「関連」をクリックするとより多くのデータを見ることができるわ。

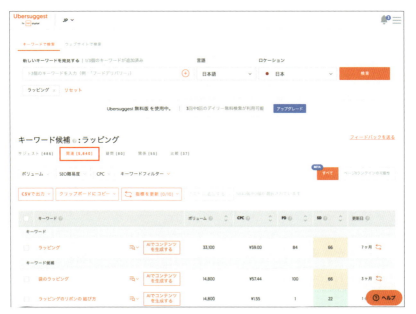

③「関連」をクリック。

3-2-3 | キーワードを選ぼう

キーワードの選び方について、2つのポイントを紹介します。

1.月間検索回数が多く、検索上位表示の難易度の低いものを選ぶ

多くの人が検索しており、かつ競合も少ないキーワードが理想的です。ただ、多くの人が検索しているキーワードは競合も多いことがほとんどです。競合が多いときはどうしたらよいでしょうか。2.に進みます。

2.月間検索回数が多くなくても、検索上位表示の難易度の低いものを選ぶ

多くの人が検索しているキーワードではなくても、競合の少ないものを選びましょう。検索上位表示できる確率が上がるからです。

> **注意**
> 月間検索回数が少なすぎると検索されることがほぼないため、企業サイトの場合は少なくとも月間検索回数100以上のキーワードを選ぶのがおすすめです。

ステップ キーワードを選ぶ

①キーワード候補のページを下にスクロールしてみましょう。

みっちん

色付きの「SD」は数値が高いほど競争が激しいことを意味するわ。黄緑色は競争率が低いわよ。

あき

うーん。「ラッピング」関係のキーワードってどれも競合が多いね……。

みっちん

あきちゃん、もっと下にスクロールしてみて。

②キーワードを決めましょう。

あき

「ラッピング おしゃれ 透明 やり方」月間検索回数2,400、SD(検索上位表示難易度)33。これいいね。私、これについて書きたいな。

3-3 旬な話題をチェックしよう

みっちん

話題になっていることを書けば、通常より多くのユーザーが流入してくるわ。流行りを押さえるのは重要ね。

3-3-1 トレンドを調べよう

　流行について知るにはInstagramが適しています。第2章で説明したとおり、調査用アカウントを最適化しておけば自然と表示されます。検索して調べるのもよいでしょう。

　Xは世の中の最新情報を知るのに便利です。何が起きているのか、リアルタイムに知ることができます。Instagram同様、調査用アカウントを最適化しておけば「おすすめ」欄に情報が表示されます。トレンドには今まさに話題となっていることが表示されます。

ステップ Instagram で流行を調べる

①虫眼鏡 Q をタップし、キーワードを入力（スマートフォンの画面の場合）。

ステップ X でリアルタイム情報を調べる

①Xを開いて虫眼鏡 Q をタップしたあと「トレンド」をタップ（スマートフォンの画面の場合）。

3-3-2 ニュースを調べよう

　キーワードに関する世の中のニュースを調べることも大変有意義です。ラッコキーワード「ニュース・話題の記事」の「ニュース」欄では、**最近の新聞やWebメディアの記事**をチェックすることができます。
　ニュースから時流を読み取りたいとき、旬な話題を仕入れたいときに活用しましょう。

ラッコキーワード
https://related-keywords.com/

ステップ　ラッコキーワードで「ニュース・話題の記事」を調べる

①ラッコキーワードのトップ画面を開きます。検索ボックス上部のタブが「キーワード検索」になっていることを確認し、キーワードを入力。右横のプルダウンで「ニュース/話題の記事」を選択して「検索」をクリックします。なお、ここでは検索キーワードを「ラッピング」としています。

②「ラッピング」関連のニュース・話題の記事が表示されます。

3-4 ユーザーの課題を解決しよう

みっちん

最も多くの人に読まれる記事の作り方を伝授するわ。見込み客の課題を調べてみよう！

「誰も答えていない質問」に対して答える記事を作ると多くの検索流入が見込めます。競合がいないため、検索結果1位になる可能性が高いからです。第2章でペルソナを作成する際に、ラッコキーワードでQ&Aサイトを調べました。この方法で、キーワードを調べてみましょう。

また、検索エンジンで検索すると、検索結果画面の上部に質問への回答が目立つように表示される場合があります。強調スニペットと呼ばれる箇所です。

強調スニペットの例

「AI Overviewとは」と検索窓に入力した場合の検索結果画面

84

強調スニペットとは

ユーザーが探している情報を見つけやすくするために、検索エンジンがリンク先の内容やページに関する説明を強調して表示する機能。

通常、強調スニペットは検索結果の上部に1つだけ大きく表示されます。このため、これに表示されると、知名度、信頼性の向上が期待できるでしょう。また、強調スニペット経由で流入するユーザーは、さらに深い知識を求め、関連する他のページも回遊する傾向にあります。

 すごく目立つね！

 強調スニペットが表示されるかどうかは、キーワードによるわ。

 普通の検索結果画面の場合の検索結果1位と強調スニペット、どっちも検索結果画面の1番上だよね。強調スニペットに表示されたほうがサイトに流入されやすいの？

 一概に言えないわね。検索ユーザーの目的によるわ。強調スニペットを見てもっと深く知りたいと思って流入する場合もあるし、答えを知って満足して流入しない場合もある。

 そうなんだね！

 傾向としては、検索結果1位のほうが流入されやすい傾向にあるわ。強調スニペットは流入が増えるのと、ブランディングになるっていうのがあるわね。

 たしかに大きく表示されて、Googleからのお墨付きに見えるね。信頼できそうって思う！

 キーワードによっては「AIによる概要」が検索結果の上部に表示されることもあるわ。

AIによる概要の例

「プリンター　印刷できない」と検索窓に入力した場合の検索結果画面

AIによる概要とは

　AIが生成した回答が特に役立つと判断された場合に表示される機能。一般的に、AIによる概要はユーザーにすばやく多様な情報を提示するのが効果的だと思われる場合に表示されます。枠内には参照元ページへのリンクが含まれています。参照元として掲載されると、ユーザーは信頼できる企業であると認識し、ページに流入する場合があります。

　強調スニペットやAIによる概要は、Googleからの信頼の証です。これらに表示されることで、ブランド力が高まるでしょう。表示されるための特別な対策は不要です。本書で紹介する方法を実践し、**ユーザーに価値ある情報を届けましょう。**

3-5 記事のもとになるアイデアを出そう

みっちん　さあ、アウトプットするわよ～！

あき　うん！　ユーザーのニーズにぴったり合う記事内容にしたいな！

　これまでの調査により、頭の中には多くの情報やアイデアが蓄積されています。それらをアウトプットしましょう。効果的な方法として、「口に出す」「ふせんに書き出す」の2つを紹介します。

　現段階では、プラス思考でできるだけ多くの情報を出すことが重要です。使えるかどうかは後から考えることにし、今の段階ではひたすら量を大切に、思う存分情報を出し尽くしましょう。

アイデアを出すポイント
- プラス思考でできるだけ多くの情報を出す
- 使えるかどうかは後で考える

みっちん　質より量が大事よ！　どんな情報がユーザーに必要？　あると親切な情報は？　できるだけ多くの情報やアイデアをアウトプットしよう。

3-5-1　口に出そう

みっちん

Googleドキュメントの音声入力で箇条書きでメモする方法を紹介するわ。

　Googleドキュメントに音声入力しましょう。頭の中にある概念を短い言葉で箇条書きで記録します。思いつくだけ入力しましょう。

ステップ 音声入力の使い方（スマートフォン）

①「Googleドキュメント」アプリを開き、☰ をタップ。
②マイクのマーク 🎤 をタップし話す（マイクのマークが表示されない場合、スマートフォンの設定を変更しましょう）。

みっちん

短い言葉で音声入力してみよう！

あき

友達にお菓子をプレゼント、使うグッズの紹介、ラッピングの工程……

みっちん

あきちゃん、いい感じよ！

ステップ 音声入力の使い方（パソコン）

① Googleドキュメントを表示して⋮をクリックしたあと「箇条書き☰」をクリック。なお、箇条書きマークは最初から表示されている場合もあります。

みっちん　Ctrl＋Shift＋8キーでも設定できるわ。

②「ツール」＞「音声入力」をクリックし、話す。

みっちん　Ctrl + Shift + Sキーでも設定できるわよ！

3-5-2 ふせんに書き出そう

みっちん　紙に書くと思考が見える化できるわ。

　1枚のふせんに1つのアイデアを手書きで書き、机に並べていきましょう。手を動かしたほうがパソコンで入力するよりもアウトプットしやすい傾向にあります。

元気のない友だちにサプライズプレゼント	作り方の紹介
友達が好きなお菓子	作り方のポイント
自己紹介	友達に渡すシーン
完成形のラフを手書きする	一連の感想
ラッピンググッズ	
グッズ選びのポイント	

付箋にアイデアを書き出した例

3-5-3 AIの提案を参考にしよう

みっちん　AIに意見を聞くのもありよ。

　自分でアイデアを出し切ったあと、AIに意見を聞くのもよいでしょう。必ず自分で考えてから、AIに質問します。AIは人間の著作物がもとになっているので、そのまま使うのではなく、**着想を得る使い方**をしましょう。
　ここでは、ChatGPTの活用法について解説します。ChatGPTが回答しやすいように**正しい指示文（プロンプト）で指示**を出し、**得られた回答の正誤や案を採用するかどうかは自分で判断**しましょう。

ChatGPTを使うポイント
- 役割を与える
- 明確に、簡潔に伝える

例：
あなたは、ラッピングアレンジ教室の先生です。
私は、仕事で落ち込んでいて元気のない友達（20代女性）に手作りクッキーを作って、おしゃれにラッピングし、サプライズプレゼントする予定です。
ラッピングアレンジのアイデアを教えてください。

条件
・透明袋を使用したラッピングアイデア
・短時間で簡単にできるのに手の込んだ作品に見えるラッピングアイ

デア

・箇条書きで10個

ChatGPT の回答

> **ChatGPT**
>
> 素敵な贈り物のアイデアですね！透明袋を使ったラッピングで、簡単に手の込んだ感じに見える方法を10個ご紹介します。どれも短時間でできるので、ぜひ試してみてください。
>
> 1. **リボンを多用したデコレーション：**
>   - 透明袋にクッキーを入れ、口を細いカラフルなリボンで結びます。さらに、異なる色のリボンを使って、結び目に大きめのリボンを重ねると華やかです。
> 2. **ドライフラワーとタグ：**
>   - 透明袋の口を結ぶ際に、小さなドライフラワーとタグを取り付けます。タグには手書きのメッセージを添えると、心がこもった感じがします。
> 3. **レースペーパーとリボン：**
>   - 透明袋の中にレースペーパーを入れて、その上にクッキーを置きます。口をリボンで結び、結び目に小さなチャームをつけるとエレガントな印象になります。
> 4. **マスキングテープでデザイン：**

注意事項

- 個人情報、機密情報を入力しない
  - ・安全に使うために、個人情報や機密情報は入力しないようにしてください。
- 情報源を確認する
  - ・人間の著作物がベースとなっているため、情報が正しいかどうか、著作権法をはじめとした法律に触れないか必ず確認してください。

この章のポイント

- 1記事1テーマで、深く濃い記事にする
- キーワード調査
  - ・オリジナリティを重視する
  - ・月間検索回数が多く、検索上位表示の難易度の低いものを選ぶ
- トレンドとニュースをチェックする
- 誰も答えていない質問に答える
- アイデアを出す
  - ・口に出す、ふせんに書き出す
  - ・自分で考えた後にAIに意見を聞き参考にする

GOAL

あき

企画を考えるの楽しかった！　口に出したり、ふせんに書いたりすると考えがまとまりやすくなるね。

みっちん

ふふ、あきちゃんずっと熱中していたわよ。

あき

好きなことだからね。季節需要のあること、インスタで話題のこと、疑問を持つ人への解決記事、書きたいことが山ほどあるなぁ。これもみっちんのおかげ！

みっちん

そうね。私の教え方がうまいから。

Part 4

構成を作ろう

あき
書く内容が決まったから、文章を書き始めよう！

みっちん
あきちゃん、いきなり書くより設計図を作ったほうが手戻りが少ないわよ。

あき
そうなの？

みっちん

設計図を作って、必要な材料を準備しておく。そうしないと書いているうちに「あ、ここの写真を撮影し忘れた」とかなっちゃうわ。

あき

全部そろえてから書くのがスムーズだよね！

みっちん

そうそう、まず設計図を作ろう。下にあるような設計図を作っていく方法を、これから説明していくわ！

設計図（ワイヤーフレーム）を手書きした例

\4-1/
Webページの構成を学ぼう

みっちん

まずはWebページの構成について説明するわ。

4-1-1 | 基本的な構成を確認する

　Webページの基本的な構成は、Webサイトによりさまざまです。ここでは、一般的な構成を紹介します。

Webページの基本的な構成
　次のページの図が、Webページの基本的な構成です。

みっちん

人は上から下へ見ていくから、ページの上のほうに入るタイトル、アイキャッチ画像、リード文が大事よ。

あき

ページの上のほうが大事なのね。

みっちん

それだけじゃないわ。上部にあるタイトル、アイキャッチ画像、リード文で重要なことを伝えるのに加えて、目次も概要の把握のために重要よ。意味の塊ごとに「見出し＋本文＝章」を作る書き方をするわ。

① ---- タイトル

② ---- アイキャッチ画像

③ ---- リード文

④ ---- 目次

⑤ ---- 見出し1

⑥ ---- 本文

⑤ ---- 見出し2

⑥ ---- 本文

⑤ ---- 見出し3

⑥ ---- 本文

構成の例

①タイトル

タイトルは、検索結果に表示される部分です。検索結果に表示されたタイトルを見てクリックするかどうか決められますので、最も重要といえます。

②アイキャッチ画像

アイキャッチ画像は、ページを開いたときに最初に表示される、ユーザーの目を惹きつける画像です。SNSでシェアされたときに表示される画像でもあります。

③リード文

リード文は導入文とも呼ばれ、タイトルとアイキャッチ画像のすぐ下に表示される文章です。ユーザーに読む価値を伝え、続きを読んでもらえるようにします。

④目次

目次は、各章の見出しをまとめたものです。一目でページの概要を把握してもらうことができます。

⑤見出し

見出しは、各章の内容を簡潔に表した短い言葉です。

⑥本文

本文は、具体的な内容であり、メインとなるコンテンツです。
以降「⑤見出し＋⑥本文」が続きます。

4-2

Web の文章の型を学ぼう

みっちん
Webライティングに適した文章の型を紹介するわ。この文章の型にあてはめるだけで、誰でも簡単にわかりやすい文章が書けるようになるの。

　Webの文章は、**最初に大枠を述べてから詳細を書いて、最後はまとめて締めくくります。**

　Webには画面という制限があります。特にスマートフォンでは見える範囲が限られています。極力、最初に目に入る画面範囲で大枠を述べましょう。Webページは文章がどこまで続いていくのか一目でわかりにくいので、先に概要を伝えることにより、ユーザーの心理的負担を軽くします。

　WebユーザーにとってわかりやすいWebライティングの代表的な型を2つ紹介しましょう。

4-2-1 ｜ SDS法（読み方：エスディーエス法）

　SDS法は、事実をわかりやすく伝えることに適した構成です。大勢の前でスピーチするときなど、じっくり聴いてもらいたいときにも活用できる型です。
　一般的に広くさまざまなシーンにおいて利用できます。

SDS法の型

1　概要（Summary）
2　詳細（Details）
3　まとめ（Summary）

SDS法の例文

1　概要（Summary）
今の国語教育に足りないもの、それはWebライティングです。

2　詳細（Details）
インターネットの普及により、Web上で文章を書く機会が増えました。
紙で読まれる文章の書き方は国語の授業で習います。
しかし、Web用の文章の書き方については教わることがありません。
中高生からWeb上で情報発信することが当たり前の時代。
Web上での表現力が、そのまま個人の将来にも影響を及ぼします。

3　まとめ（Summary）
多くの人が中高生からWeb上で文章を書く時代、Webライティングを国語で学べるようにしたほうがよいと考えます。

あき

最後に話をまとめるのね。ところで、出来事は時系列順に書くよね？　Webでも時系列順でいいよね？

　出来事、人物紹介等、時系列順に書く場合は、「2　詳細（Details）」に時系列型を入れるとよいでしょう。時系列順の場合、最初から時系列にそって書き始めると、読み手にとっては何の話が始まったのかわからずストレスを与えてしまいます。必ず「1　概要（Summary）」で、

これから何についての話をするのか伝えましょう。

4-2-2 │ PREP法（読み方：プレップ法）

PREP法は論理的で、わかりやすく、説得力のある構成です。Webライティング以外にも、プレゼンテーション、報告など話すシーンに活用できます。

PREP法の型
1　結論（Point）
2　理由（Reason）
3　具体例（Example）
4　結論（Point）

PREP法の例文
1　結論（Point）
私はサーバーのプランを今のAプランからCプランに変更したほうがよいと考えています。

2　理由（Reason）
Webサイトが重く、表示されないときもあり、お客様にご不便をおかけしている状態だからです。

3　具体例（Example）
半年前、当社が雑誌で紹介されたころからSNSで話題になり、ユーザー数は増加傾向です。

テレビ番組で紹介されることも増え、全国放送に出るときには必ずサーバーがダウンします。
Webサイト制作会社に確認したところ、CPU、メモリ、ストレージが強化されたCプランに変更したほうがよいとのことでした。

4　結論（Point）
お客様に快適にWebサイトを閲覧していただけるように、AプランからCプランに変更したほうがよいと考えます。

　PREP法は解説、主張するときには適していますが、一般的な文章には向かない傾向にあります。相手を説得しようとするため、押し付けがましくきつい印象を与えてしまう場合があるからです。
　このため、文章全体が解説であれば全体をPREP法で書く、そうではない場合は解説が必要な章のみPREP法で書くとよいでしょう。

Webの文章の型
- 大枠から詳細へ進め、最後はまとめて締めくくる
- 概要や結論が冒頭にあることで、わかりやすく親切な文章になる

4-2-3　タイトルと見出しを考えよう

みっちん

さあ、ページのタイトルと見出しを考えよう！　タイトルも見出しも仮のもの、内容がわかるレベルでいいわ。

　現時点では、タイトル、見出しだけのおおまかな構成を考えましょう。一言レベルの簡単なものでかまいません。

これは仮で置いているだけなので、今後いつでも修正できます。ライティング時に完璧に構成どおりに書かなければならないということはありません。また、コピーライティング面のことも後から考えますので、表現について悩む必要もありません。

構成の例

タイトル	元気になれるおしゃれ透明袋ラッピングのやり方（仮）
見出し1	概要
見出し2	計画を立てる
見出し3	ラッピンググッズを用意する
見出し4	作り方 手順1 手順2 手順3 …
見出し5	友達に渡す
見出し6	まとめ

あき　こんな感じでいいのかな？

みっちん　バッチリよ！

4-2-4　Googleドキュメントに入力しよう

みっちん

ここからはGoogleドキュメントを使って書いていく方法を解説するわ。

　Googleドキュメントは画面の左側に見出しを表示させることができます。このため、文章全体の構成を把握しながらスムーズに書き進められるでしょう。Part1で紹介したように編集に役立つというメリットもあります。

ステップ 構成を入力する

①無題のドキュメントを表示します。

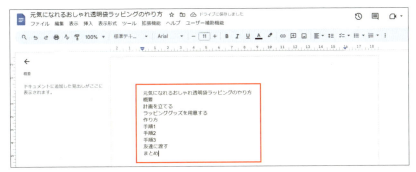

②タイトルと見出しを入力します。

> ステップ　タイトルを書式設定する

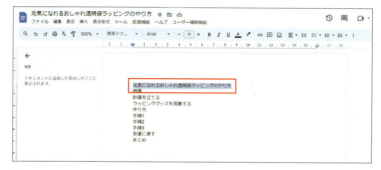

①タイトルテキストを選択。

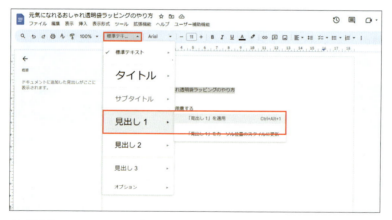

②「標準テキスト」＞「見出し1」＞「「見出し1」を適用」をクリック。

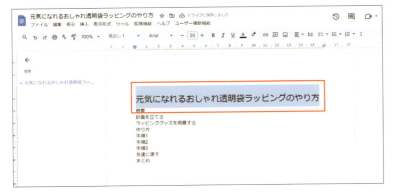

③タイトルの書式が設定されました。

> ステップ 見出しを書式設定する

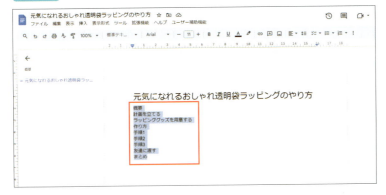

①見出しテキストを選択。

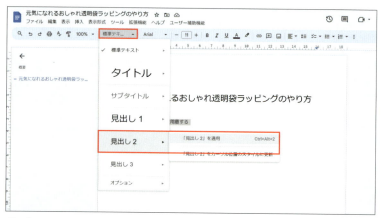

②「スタイル」>「見出し2」>「「見出し2」を適用」をクリック。

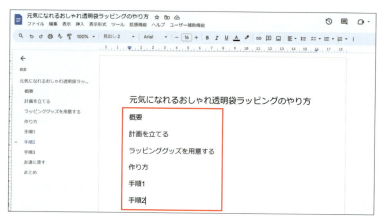

③見出しの書式が設定されました。

ステップ 小見出しを書式設定する

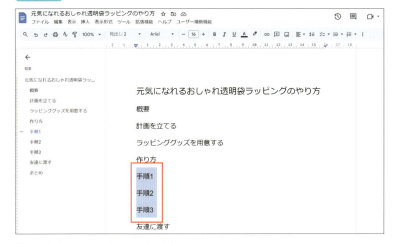

①小見出しのテキストを選択。

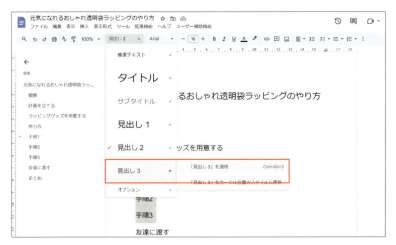

②「スタイル」＞「見出し3」＞「「見出し3」を適用」をクリック。

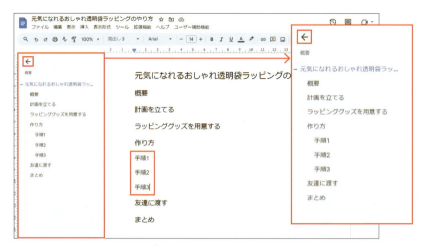

③小見出しの書式が設定されます。なお、左サイドメニューの矢印をクリックすることで、自由に表示・非表示を選択できます。

ステップ 本文を入力する

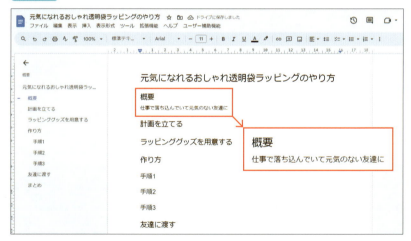

①各見出しを改行すると、「標準テキスト」の書式が適用されて本文を入力することができます。ここでは「概要」の下に本文を入力しています。

4-3 ワイヤーフレームを作ろう

構成が決まったらワイヤーフレームを作りましょう。

あき　ワイヤーフレームって何？

みっちん　ワイヤーフレームはWebページの設計図よ。

　ワイヤーフレームを作ることにより、必要なテキストと画像を視覚的に把握でき、情報を整理しやすくなります。なお、ワイヤーフレームは**手書きで簡単に作成**する程度でよいですし、テキストは箇条書きでもかまいません。

ワイヤーフレームを紙に手書きした例

何を書くか、どんな写真が必要か視覚化できた。

材料を集めよう

みっちん　ワイヤーフレームを参考に、テキストと画像を用意しよう。

　ワイヤーフレームが完成したら、実際に文章を書いていくための材料を集めましょう。今回あきちゃんは体験型記事を書く予定で、体験時に**必要な画像を撮影**します。事前に調査が必要な記事を書く場合は、情報収集しましょう。準備を万全にすることにより、次の工程であるライティングをスムーズに進めることができます。

4-4-1 ｜ 画像を用意しよう

　使用する画像は、オリジナルのものが一番よいです。無料・有料問わず素材サイトで入手できる画像は、他のサイトでも使用されていてオリジナリティが低いので、自社のオリジナル画像を使いましょう。

あき　私が作業している手元をカメラマンさんが撮影してくれる予定だよ。

みっちん　オリジナルで世界に1枚しかない写真ね！

他のWebサイトに掲載されている画像を使用したい場合は、事前に許可を取りましょう。

みっちん　詳細は6-3「著作権に気をつけよう」で解説するわ。

4-4-2 ｜ 画像を軽量化しよう

　Web上に重い画像をアップすると、Webページの表示速度が遅くなってしまいます。その結果、ユーザーにストレスを与え、離脱率が高くなってしまいます。画像は軽量化しておきましょう。

あき　離脱率って何？

みっちん　離脱率は、そのページを最後に、ユーザーがそのサイトの閲覧をやめてしまう率って意味よ。ここで、画像を軽量化するツールを紹介するわ。

　まずは、画像をリサイズしましょう。Adobe Photoshopなどの画像編集ツールでサイズを変更できますが、ここではWindowsに標準搭載されているペイントを使った方法を紹介します。

ステップ　「ペイント」で画像をリサイズする

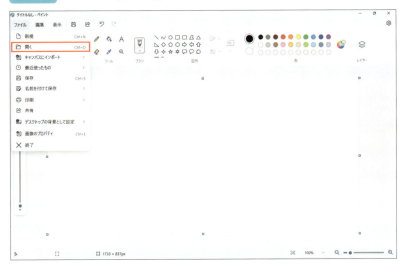

①まず、Windowsで「ペイント」を起動します。このあと、メニューバーの「ファイル」＞「開く」をクリックし、リサイズしたい画像を選んで「開く」ボタンをクリックします。

②🖼をクリックすると「サイズ変更と傾斜」ダイアログが表示されます。

③「サイズ変更」欄を「パーセント」から「ピクセル」に変更し、「1200」と入力して「OK」をクリックします。

※ここでは、水平（横幅）1200ピクセルにしました。

④メニューバーの「ファイル」＞「名前を付けて保存」をクリックし、JPEGを選択して保存しましょう。

みっちん　写真の場合はJPEGにしよう。

画像のファイル名のつけ方

　画像のファイル名は英語にして、単語をハイフン（-）でつなぎましょう。なぜかというと、ハイフンは検索エンジンにとって区切りの意味を持っているからです。検索エンジンから見ると、ハイフン以外の記号は区切られているように見えず、意味を理解しづらいです。ハイフンでつなぎましょう。

　例：christmas-cookie-gift-box

　ハイフン以外の記号でつないだ場合、検索エンジンからは以下のように見えます。

　例：christmascookiegiftbox

みっちん　ここから、画像をさらに軽量化していくわ！

　画像の質を極力落とさずに軽量化してくれるWebサービス「TinyPNG」（https://tinypng.com/）を紹介します。
　一度に20枚まで（1枚につき5MBまで）の画像を速やかに圧縮できるサイトです。

| ステップ | 画像を軽量化する |

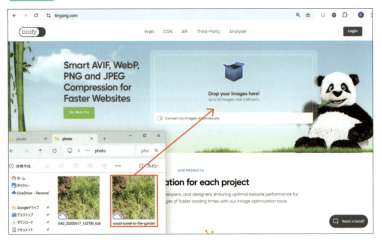

①ブラウザでTinyPNG(https://tinypng.com/)を開き、「Drop your images here!」と書かれたエリアに軽量化したい画像をドラッグ＆ドロップします。

②画像が軽量化されます。「Download all images」をクリックすると画像をダウンロードできます。

この章のポイント

- Webの文章は、大枠から詳細へ進め、最後はまとめて締めくくる
  - Webの文章の型「SDS法」「PREP法」を活用する
- 構成を作る
  - まずは仮タイトルと仮見出しだけのおおまかな構成を作る
  - ワイヤーフレームを作り、必要なテキストと画像を視覚的に把握する
  - テキスト、画像などの素材を集める
- 画像の軽量化を忘れない

GOAL

あき: ふう、できた！

みっちん: ふふっ、あきちゃんらしい企画ね。記事が出来上がるのが楽しみだわ。

あき: みっちん、正直に言ってほしいんだけど…。ワイヤーフレーム、どうかな？（どきどき）

みっちん: とってもうまくできているわ！

あき: やった！　さてと。コーヒータイムにしようかな。昨日焼いたアップルパイ、みっちん一緒に食べ…

Part 5

文章を書こう

あき
いよいよ書く段階に来た！

みっちん
あきちゃんに1つ質問があるわ。Webサイトにやってくるユーザーは何を求めていると思う？

あき
うーん。情報？

みっちん

そう！ ユーザーは情報を求めてWebサイトにやってくる。でも忙しいから、なるべく読まずに情報を手に入れようとする傾向にあるわ。

あき

それなら、短時間で効率的に情報を取得してもらえるように書かないといけないね！

みっちん

そうね。Webでは流し読みしやすい文章にするといいわ。読むのに適した文章じゃなくて、情報を知るのに適した文章。ここからは、Webならではの書き方を説明していくわよ！

小説など芸術的な文章でも短い文がよい

小説など読み物は長い文がよいのではと思われるかもしれませんが、むしろ短い文がよいです。

谷崎潤一郎は『文章読本』のなかで、小説こそ短く簡潔な文であるべき、短い文で表現できる人のほうが芸術的な手腕があると訴えています。

後続する現代の文学者や小説家、翻訳家にも同意見の人が多いです。

Webライティングでは短い文にする必要あり

Webでは紙媒体と異なり全体を見渡すことができないので、短い文で簡潔に書くことが求められます。

この章で書いていく文章の完成例

5-1 キーワードを入れよう

みっちん　キーワードを意識した文章は、人にも検索エンジンにもわかりやすいわ。

5-1-1 ユーザーの目印であるキーワードを意識しよう

キーワードはユーザーにとっての目印です。検索エンジン経由のユーザーは、入力したキーワードについて興味を持ち、流入してきます。ユーザーが頭の中で思う言葉そのままにしたほうが読んでもらいやすいため、キーワードを言い換えず、そのまま使いましょう。省略したり、指示語に変えたりするのも控えましょう。

また、キーワードを意識した文章は、検索エンジンからの評価が高いです。ただし、過度に入れると検索エンジンからペナルティを課せられ表示されなくなる場合もあります。キーワードは意識しつつ、入れすぎないようにしましょう。

キーワードに関する4つのポイント
- 必ずキーワードを入れる
- なるべく他の言葉に言い換えない
- 省略しない
- 指示語に変えない

例文を挙げて解説するわ！

なるべく他の言葉に言い換えない

△ どんなにうまく話せても資料が見づらければ伝わらないでしょう。会議前に何度も話す練習をするよりも、見やすい資料作成に注力したほうがよいです。

○ どんなにうまくプレゼンをしても資料が見づらければ伝わらないでしょう。プレゼン前に何度も話す練習をするよりも、見やすい資料作成に注力したほうがよいです。

人にも検索エンジンにも、キーワードは言い換えないほうが伝わりやすいわ。ただし、キーワード以外の言葉は、言い換えて豊かな表現にしたほうがいいわ。

省略しない

（プレゼンについて述べている場合）

△ 資料が見違えるほどわかりやすくなる3つの方法を紹介します。

○ プレゼン資料が見違えるほどわかりやすくなる3つの方法を紹介します。

何の資料かを具体的に伝えることが大事よ。特にキーワードなら、なおさら省略しないではっきり伝えよう。

指示語に変えない

(Google Analyticsについて述べている場合)

△ Google Analyticsにはコンテンツ制作に役立つさまざまな指標が用意されています。これらを活用することにより効率的にPDCAを回すことができるでしょう。

○ Google Analyticsにはコンテンツ制作に役立つさまざまな指標が用意されています。Google Analyticsのデータを活用することにより、効率的にPDCAを回すことができるでしょう。

みっちん

紙媒体で例文を読むと違和感を覚えると思うけど、Webの文章としてはわかりやすいわ。指示語について詳しくは5-4「指示語をあまり使わない」で解説するわ。

\5-2/
見やすい文章にしよう

みっちん

紙媒体と違ってWebページの表示形式は環境に依存するわ。多くの環境で見やすくするための注意点をまとめるわね。

5-2-1 │ 文の途中で改行しない

　自分が見やすいと思う位置で文を改行しないようにしましょう。自分が見やすいと思う位置とは、例えば、画面右端の改行にちょうどよい位置、読点（,）、意味の切れ目などです。
　デバイス（パソコン、タブレット、スマートフォン）、ブラウザ（Google Chrome、Safariなど）により表示形式は異なります。さらに、個人の設定（文字サイズ、ディスプレイ表示サイズ）によっても左右されます。

文の途中で改行した例

> 透明袋、リボン、シール、テープ、メッセージタグなど多くの材料に目移りしながら、
> イメージをふくらませます。
>
> ここで改行

パソコンで見た画面

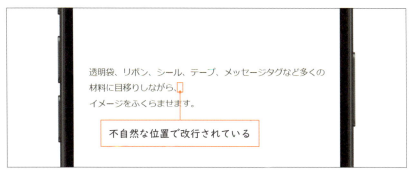

スマートフォンで見た場合

　パソコンで見やすい位置で改行すると、スマートフォンでは改行が不自然になる場合があります。下の例は改行位置を修正したものです。

改行を修正した例

透明袋、リボン、シール、テープ、メッセージタグなど多くの材料に目移りしながら、イメージをふくらませます。

改善後のパソコン画面

改善後のスマートフォン画面

こっちのほうが見やすい！

　Webでは、柔軟性が大切です。多くの閲覧環境において見やすい文章を目指す必要があります。一般的には、スマートフォンで閲覧される場合が多いです。特にBtoC（企業対消費者取引）企業のサイトはスマートフォンで読まれる傾向にあります。

　文の途中ではなく、**文が終わるタイミング「。」で改行しましょう。**

5-2-2 ｜ 空白（スペース）で文章を整えない

　空白（スペース）を入れて文章を整えようとすると、自分の環境で閲覧した際に見やすくなります。

　ただし、他の環境で見ているユーザーのパソコン、タブレット、スマートフォンでは不自然な位置で改行されて、表示がくずれる場合があります。

空白（スペース）で見た目を整えた例

```
採用の流れ
　　【3月】応募フォームから受付開始
　　【5月】会社説明会
　　　　　リアルタイムでの会社説明会は終了いたしました。
　　　　　（エントリーされた方には録画視聴用のURLをご案内いたします）
　　【6月】選考・面接開始（3回実施）
　　【10月】内定式
```

パソコンで見た画面

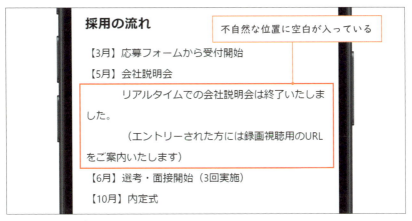

スマートフォンで見た場合

　上記の例のように、パソコンできれいに見えるように空白（スペース）を使用すると、スマートフォンでは非常に見づらくなる場合があります。下の例は空白（スペース）の使用を控えたものです。

補足事項を上部に配置し、空白（スペース）をなくした例

採用の流れ

[2023年5月31日追記]
リアルタイムでの会社説明会は終了いたしました。
（エントリーされた方には録画視聴用のURLをご案内いたします）

【3月】応募フォームから受付開始
【5月】会社説明会
【6月】選考・面接開始（3回実施）
【10月】内定式

改善後のパソコン画面

> **採用の流れ**
>
> [2023年5月31日追記]
> リアルタイムでの会社説明会は終了いたしました。
> （エントリーされた方には録画視聴用のURLをご案内いたします）
>
> 【3月】応募フォームから受付開始
> 【5月】会社説明会
> 【6月】選考・面接開始（3回実施）
> 【10月】内定式

改善後のスマートフォン画面

あき　断然こっちのほうがいい！

　Webでは自分と同じように見えている人はほとんどいないと思ったほうがよいです。多くの環境で閲覧しやすいように、==文章を整える目的の空白は使わないようにしましょう。==

みっちん　はい、注目！　次のページで説明する内容は特に大事よ！　Web特有の書き方について説明するわ。

130

5-3

Web の文章のルールを学ぼう

　Webの文章の書き方について、3つのポイントを紹介します。ポイントと例を挙げてから、それぞれについて詳しく解説します。

Webの文章のルール

1　空白行を入れる
2　見出しを入れる
3　字下げしない

改善前の例

> 　小説など読み物は長い文がよいのではと思われるかもしれませんが、むしろ短い文がよいです。谷崎潤一郎は『文章読本』のなかで、小説こそ短く簡潔な文であるべき、短い文で表現できる人のほうが芸術的な手腕があると訴えています。後続する現代の文学者や小説家、翻訳家にも同意見の人が多いです。
>
> 　Webでは紙媒体と異なり全体を見渡すことができないので、短い文で簡潔に書くことが求められます。論理立てて伝える実用文章から小説などの芸術的な文章まで、Web用の文章を書くときには必ず「短い文」にしましょう。環境により見え方が異なる、画面が発光しているなど、読む以前の問題として「見る」ことがストレスですので常に配慮しましょう。

Part 5　文章を書こう

改善後の例

小説など芸術的な文章でも短い文がよい

小説など読み物は長い文がよいのではと思われるかもしれませんが、むしろ短い文がよいです。

谷崎潤一郎は『文章読本』のなかで、小説こそ短く簡潔な文であるべき、短い文で表現できる人のほうが芸術的な手腕があると訴えています。

後続する現代の文学者や小説家、翻訳家にも同意見の人が多いです。

Webライティングでは短い文にする必要あり

Webでは紙媒体と異なり全体を見渡すことができないので、短い文で簡潔に書くことが求められます。

論理立てて伝える実用文章から小説などの芸術的な文章まで、Web用の文章を書くときには必ず「短い文」にしましょう。

環境により見え方が異なる、画面が発光しているなど、読む以前の問題として「見る」ことがストレスですので常に配慮しましょう。

あき　改善後のほうが見やすいし、わかりやすいね！

みっちん　最近はスマートフォンで閲覧されることが多いから、スマートフォンの画面を例に説明するわ。

5-3-1 空白行を入れる

みっちん　Webでは、「読みやすい」かどうか以前に「見やすい」かどうか。視認性が大事よ。

　Webの画面は視認性が悪いため、見やすく調整する必要があります。改善前の例（131ページ掲載）は文字がびっしり敷き詰められていて、余白がほとんどありません。大きな文章の塊はユーザーにストレスを与えてしまいます。ページを見てすぐ離脱されてしまう傾向にあります。

　文章の塊を小さくするために**空白行をこまめに入れましょう**。紙媒体のように意味の塊ごとに1つの段落として改行することはせず、Webでは見やすさ重視で意味の塊に関係なく空白行を入れます。目安として、スマートフォンで見て5行を超える場合は空白行を入れましょう。ユーザーのほとんどがパソコンで閲覧するサイトの場合は、パソコンで見て5行を超える場合に空白行を入れます。

あき　あれ？　段落がないよね。意味の塊はどうやって伝えるんだろう？

みっちん　次の項目で解説するわ。

5-3-2 見出しを入れる

みっちん　見出しは書き手が思っている以上に、ユーザーにとって重要なものよ。

　Webの文章は、見出しを使いコンテンツを分割します。一目で内容を把握できるようにするためです。**見出しは多いほうがよい**です。
　改善前の例は、ユーザー自身が解読しなければならない文章です。改善後の例は見出しによりコンテンツが分割されているため、見出しを見るだけで内容がわかります。見出しにより次に読む文章の概要を事前に知ることができ、読み進めてもらいやすくなります。
　見出しで本文の内容を具体的に短く伝えましょう。

あき　見出しがあると、ぱっと見てすぐ内容がわかっていいね！

5-3-3 | 字下げしない

みっちん

Webの文章は字下げしないほうが見やすいわ。

　紙媒体の文章は、意味の塊ごとに段落を作り、段落の頭を字下げするケースが多いです。ただ、Webページで字下げしているサイトはあまりありません。字下げがデザインの原則に反するからです。Webページの文章は左揃えが最も見やすいので、**文頭に空白（スペース）を入れず、きっちりと文章を左揃えにしましょう。**

あき

Webの文章は、デザイン的に左揃えが一番いいんだね。

5-4 わかりやすい書き方を学ぼう

みっちん　ユーザーが理解しやすい、簡潔明瞭な文章の書き方を解説するわ。

5-4-1 | 一文を短くする

みっちん　一文中に多くの情報を入れようとすると長くなってしまうわ。簡潔な文になるようにしよう！

　Webでも紙媒体でも、同じ情報量であれば短く表現できたほうがよいです。Webではさらに視認性、可読性を考慮し、短い文のほうがよいでしょう。

簡潔な表現にする

△　インターネットは得体の知れない人たちが集まる場所であり、書き手のことも顔が見えないので、どういう人がこの記事を書いているのだろうかと記事の信頼性に疑問を抱く人が多いです。（85文字）

○　インターネットは匿名性が高く、書き手の顔が見えません。記事の信頼性に疑問を抱く人が多いです。（46文字）

△は85文字、〇は46文字です。短く、簡潔な文章はユーザーにとって親切です。少しでも短くできないか考えましょう。

また、文章は短い文と長い文が入り混じっているとメリハリがつきます。目安としては、**一文平均40文字以内**になっているとよいでしょう。

5-4-2 箇条書きにする

みっちん
箇条書きを常に意識するといいわ。2通りの箇条書きを紹介するわね。

Webの文章は、構造そのものが箇条書きに適しています。箇条書きは視認性が高く、わかりやすいです。**箇条書きにできないか、常に意識するとよいでしょう。**

箇条書きの例

△　まず、麺200g、鶏卵2個、きゅうり2/3本、トマト1/4個、サラダチキン100gを用意してください。

〇　材料
　・麺　200g
　・鶏卵　2個
　・きゅうり　2/3本
　・トマト　1/4個
　・サラダチキン　100g

あき　箇条書きのほうが見やすくてわかりやすいね！

みっちん　そうね。あとは「番号付き箇条書き」も効果的だから、紹介するわ。

番号付き箇条書きの例

△　一文どのくらいの文字数で書いているかを調べてみて、どのような場合に長い文になるのか確認するとよいでしょう。
　　その後、改善点を自分の言葉でまとめましょう。

○　1. 一文どのくらいの文字数で書いているかを調べてみる。
　　2. どのような場合に長い文になるのか確認する。
　　3. 改善点を自分の言葉でまとめる。

一般的な箇条書きの使い分け

・	並列
1.2.3.…	順番、流れ

　Webでは箇条書きにできるものはすべて箇条書きにするとよいでしょう。 読点（、）や接続詞で区切られているものはほとんどが候補に入ります。

　Webページでは「箇条書きタグ」を使って表すと効果的です。Googleドキュメントを下書きツールとして使っている場合は、Googleドキュメントで箇条書きに設定しておき、Webサイトの管理画面にコピー＆ペーストすれば箇条書きになります。書式をうまくコピー＆ペーストできないときはサイトの管理画面で設定してください。

5-4-3 ペルソナに話すように書く

みっちん

第2章で設定したペルソナに向かってゆっくり話すイメージで書くといいわ。

　ペルソナに向けて書くと、ペルソナの心に寄り添う文章になります。わかりやすく、共感を得やすい文章になるでしょう。話すように書くと日常でよく使われる簡単な言葉遣いになりますので、伝わりやすく親しみやすくなります。ペルソナに話すような感覚で書きましょう。

ペルソナに「自分向けの記事だ」と思わせる

　年齢、性別、趣味、関心事、課題など、ペルソナが「自分向けの記事だ」「自分に関係があるかもしれない」と感じる記事にしましょう。

ペルソナと自分の共通点を伝える

　共通点があれば親しみやすさを感じてもらえます。もし共通点があるなら、文章の早い段階で伝えるとよいでしょう。

ペルソナに伝わりやすい比喩や言葉遣いにする

　ペルソナにとってわかりやすい比喩を使えば理解度が上がります。言葉遣いもペルソナがよく使う表現にすると共感を得られやすいでしょう。

専門用語は使わない、または（ ）に入れる

　専門家向けでない限り、専門用語は使わないほうがよいです。レベルを問わない記事の場合は、専門用語は簡単な言葉で表現した後に「()」をつけ、() 内に専門用語を入れると親切です。

会話文を増やす

　会話文を表すかぎかっこ（「」）を増やすことにより、ユーザーの心にすっと入る文章になります。

問いかける

　会話ではない通常の文（地の文）のなかでも、「〜なとき、ありませんか？」など問いかけるとよいです。問いかけられると自然と脳が反応します。

5-4-4 | 大事なことは繰り返す

みっちん

Webのユーザーには、大事なことは繰り返し伝えたほうがわかってもらえるわ。

　Webの記事はまともに読まれることは少なく、飛ばし読みされることが多いです。どんなに興味を持っているユーザーであっても、ところどころ飛ばし読みする傾向にあります。その結果、スクロールして読み進めるうちに最初に何が書かれていたのか忘れてしまいます。

　このため、**大事なことは繰り返す**必要があります。プレゼンを思い浮かべてください。プレゼンでは大事なことを繰り返し伝えています。紙媒体では同じ内容を何回も書くことは少ないですが、Webでは必要です。大事なことは繰り返し伝えましょう。

あき

たしかに、プレゼンは発表者が大事なことを何回も言ってくれる！

文章の最後の「まとめ」は重要です。書き手にとっては最後にまた同じことを述べるのは無駄な行為に感じるかもしれません。しかし、ユーザーはまとめがあることによってこれまでの内容を振り返り、理解しやすくなるのです。読み手にとっては必要です。

あき

プレゼンだと、大事なことを最後にバシッと言ってくれるから、すとんと腹落ちするんだよね。Webライティングも同じなんだね。

5-4-5 具体的な言葉で表現する

みっちん

曖昧でぼんやりした表現はWebではご法度よ。

　抽象的な言葉を具体的にするだけで、ユーザーは言葉の意味をイメージしやすくなります。どの場合でも当てはまる言葉ではなく、この場合はこの言葉でなければならないという**適切な言葉選びが重要**です。
　多くの人が多用する傾向にある「すばらしいと思いました。」を例文として、改善例を紹介します。

具体的に気持ちを伝える例
・感激で胸がいっぱいになりました。
・心に響きました。

具体的に体に起こる反応や行動で示す例
・目頭が熱くなりました。

- 見入ってしまいました。
- 思わず息を呑（の）みました。

事実に語らせる例
- 彼の作品には私を惹き付ける何かがありました。
- 使える知識と技術がつまっている今まで出会ったことのない本です。
- 幻想的な提灯に照らされる石像はまさに圧巻でした。

5-4-6 数字にする

みっちん　数字があったほうがイメージしやすい場合は、数字を使うといいわ。

　曖昧な表現では伝わりにくい場合があります。ぼんやりした伝え方をすると人それぞれ違う解釈になってしまいます。**誰でも同じ受け取り方になるようにしましょう**。

△　リボンの長さがあと少し足りません。
○　リボンの長さがあと1センチ足りません。

△　助けてくれたのは若い男性でした。
○　助けてくれたのは20代前半くらいの男性でした。

△　創業以来変わらぬ味を提供し続ける老舗。
○　1920年創業以来変わらぬ味を提供し続ける老舗。

5-4-7 | 5W1Hを意識する

みっちん　必要な情報をもれなく伝えるには5W1Hを意識するといいわ。

必要な情報を過不足なく書くことは重要です。余分なことを書いていないか、必要なことが漏れていないか、5W1Hを意識するとよいでしょう。

なお、必ずしも全てを入れる必要はありません。

5W1H
「When：いつ」「Where：どこで」「Who：だれが」「What：何を」
「Why：なぜ」「How：どのように」

自社の常識を当たり前だと思わない
　自社にとっては当たり前でも、一般社会では知っている人のほうが少ない情報があります。書いたことを「本当に当たり前か？」と自問しましょう。簡潔に書こうとするあまり、必要な項目を省略してしまわないようにしましょう。必要に応じて、補足説明も入れます。

△　麺1袋
○　麺1袋（220g）※2人前

△　ボックスにラッピングしたいものを入れます。
○　ボックスにラッピングしたいものを入れます。
　　（幅7.5cm：奥行7.5cm：高さ4cm）

必要な情報を届ける

　必要不可欠な情報が抜けていると、ユーザーは状況や内容を想像できず理解に苦しみます。特に、「誰」「何」が省略されるとわかりにくいです。

　話の流れから理解してもらえばよいと思うかもしれません。しかし、飛ばし読みしている人にとっては理解できません。ユーザーにストレスを与えないように丁寧に情報を伝えましょう。

△　企画を進めてよいと承認が下りました。
〇　部長から夏休み子供企画を進めてよいと承認が下りました。

　必要な情報が抜けていると、思いがけない受け取り方をされる場合があります。常に5W1Hを心がけましょう。

5-4-8 ｜ 指示語をあまり使わない

みっちん

　キーワードで少し学んだ指示語を詳しく解説していくわ。

　指示語とは「これ」「それ」「あれ」「どれ」のように、物事を指し示す語です。こそあど言葉とも呼ばれます。ぼんやりと読んでいるユーザーや読み飛ばしによりこれまでの流れがわからないユーザーにとっては不親切な言葉です。

　いきなり「それ」と言われても、人も検索エンジンも「それ」としか理解できません。**指示語は消すか、何を指しているのかを具体的に伝えましょう。**

1　余計な指示語は消す

　なくても意味の通じる指示語は消しましょう。すっきりとしたわかりやすい文になります。

△　具体的な手順については作り方ページで紹介しています。そちらをご確認ください。
○　具体的な手順については作り方ページをチェックしてみてください。

2　必要な指示語は同じ言葉を繰り返す

　必要な指示語については、何を指し示しているのか具体的に伝えましょう。紙媒体の文章では、一度出てきた言葉を同じように繰り返すことは少ないでしょう。しかし、Webではユーザーに考える手間をかけさせないように明確に表現する必要があります。

△　当店　　　　△　当社
○　ルミナス

△　詳しくはこちら　△　詳細はこちら
○　店舗案内を見る　○　店舗案内＞（※具体的なページ名を入れる）

あき

最初に「ルミナス」と伝えたからという理由で2回目から「当社」にせずに、その後も「ルミナス」と具体的に表現するんだね！

5-4-9 接続詞をなるべく使わない

あき

えっ！ 接続詞もあんまり使わないんだ。論文を書くとき、接続詞は必要でたくさん使った覚えがあるんだけど。

　接続詞は論理的な文章を書くために重要な役割を果たします。紙媒体の文章では、文のつながりがわかるように接続詞を入れることが多いです。特に論文は接続詞を多用する傾向にあります。
　一方、**Webの文章は紙媒体の文章と異なり、ほとんど接続詞を入れなくても完成します。**もともと構造が論理的だからです。
　「見出しを作る」「箇条書きにする」「一文を短くする」の３つのポイントを意識すれば接続詞はほとんど必要ありません。

> **接続詞の使い方**
> ３つのポイント（見出しを作る、箇条書きにする、一文を短くする）を意識して、必要な場合のみ接続詞を使う

1　必要性が高い箇所は接続詞を使う

　３つのポイント（見出し、箇条書き、一文の長さ）を意識しても、どうしても接続詞が必要だと感じられる箇所もあるでしょう。「メリハリがつく」「わかりやすくなる」「ないと不自然に感じる」といった場合は、接続詞を入れましょう。**基本的には使わず、ここぞというタイミングで使います。**

(ア)順接　だから　ですから　で　そこで　そうすると
　　　　よって　ゆえに
(イ)逆説　しかし　だが　だのに　けれども　ところが
　　　　しかるに　されど
(ウ)添加　なお(なほ)　そして　そうして　それから
　　　　おまけに　かつ
(エ)譲歩　とはいえ(いへ)　ただし　もっとも
(オ)並列　また　ならびに　および
(カ)選択　または　それとも　あるいは　もしくは　はた

(『日本語文法がわかる辞典』、東京堂出版、2004年3月、P181)

あき

論理的な書き方をした上で、それでもどうしても必要ってときに使うんだね。

2　逆説の接続詞は必須

　接続詞は、逆説の接続詞以外はなくても意味が通じます。しかし、「しかし」「だが」等、逆説の接続詞は消すと意味が通じなくなってしまいます。逆説の接続詞は使いましょう。

△　彼女は全力でダイエットに励んだ。失敗した。
○　彼女は全力でダイエットに励んだ。だが、失敗した。

5-5 書けないときは声に出そう

みっちん　どうしても書けないときのための、とっておきの解決法を教えるわ。

「最初の言葉が出てこない」「書いていて途中で手が止まってしまう」。これらは誰にでも起こり得ることです。まずは、最初から完璧を目指さずリラックスしましょう。自分を追い詰めると言葉が出てこなくなってしまいます。完成度は気にせず、とにかく最後まで書いてしまいましょう。

それでも書けないときのための2つの対処法を紹介します。

1　音声入力

みっちん　Part1で紹介した音声入力を試してみよう。

書けないときはGoogleドキュメントで音声入力しましょう。頭の中がごちゃごちゃしているときは、声に出すと思考が整理しやすくなります。文字入力よりも速く入力できることが多いので、すいすい進められるでしょう。

あき　パソコンでもスマートフォンでも音声入力できるのっていいね！

2　人に話す

みっちん　これはかなり効果あるわよ。

　人に話すと、自然と考えが言語化されます。今まで悩んでいたことがうそのように次々と言葉が出てくることも。一人で考え込んでいると煮詰まってしまいます。苦しいときは人の力を借りるようにしましょう。

みっちん　あきちゃん、困ったときはいつでも私に話して。

あき　みっちん、ありがとう！　心強いよ！

この章のポイント

- キーワードを入れる
- 見やすい文章にする
    - ・文の途中で改行しない
    - ・空白（スペース）で文章を整えない
- Webの文章のルールを守る
    - ・空白行を入れる
    - ・見出しを入れる
    - ・字下げしない

- わかりやすい書き方をする
  - ・一文を短くする
  - ・箇条書きにする
  - ・ペルソナに話すように書く
  - ・大事なことは繰り返す
  - ・具体的な言葉で表現する
  - ・数字にする
  - ・5W1Hを意識する
  - ・指示語をあまり使わない
  - ・接続詞をなるべく使わない
- 書けないときは声に出す
  - ・音声入力
  - ・人に話す

GOAL

あき
びっくりするくらい、あっさり書けた！

みっちん
あきちゃんの文章、ほれぼれするわあ。本当に文章書くの苦手なのかしら？ 本当は得意なんじゃないの？（目を細める）

あき
えっ、そ、そんなことないよ！（うれしい！！）

みっちん
あきちゃん、最後に1つだけ伝えておきたいことがあるわ。

あき
ん？ 改まってどうしたの？

みっちん
あきちゃんには、情報学、言語学、心理学の研究結果をもとに私が導き出したWebでの読みやすい文章の書き方を伝授したわ。ただ……。

あき
ただ？

みっちん
絶対的なものではないわ。例えば会社のブランドガイドラインによって決められた書き方があるときは、ガイドラインのほうを守って。

あき
わかったよ！ ありがとう！

Part 6

文章を見直そう

あき
みっちん、かわいい。

みっちん
知ってます！

あき
ぶっ（笑）、みっちんの羽って、本当にきれいでいいなあ。

みっちん 羽の一枚一枚を丁寧にお手入れしているから。ふんふーん♪（くちばしで羽を整えながら）すみずみまでぬかりなく、細かいところを念入りに〜。ところであきちゃん、ここ、脱字じゃないかしら？

あき あっ、ほんとだ！　バッチリだと思ってたのに。

みっちん そんなあきちゃんのために、見直しのチェックリストを用意したわ。文章の完成度を高めるわよ〜！

6-1 知らないことは書かない

みっちん　まずは一番大切なことを伝えるわ。

　自分が知らないことを知ったかぶりして書くと、信頼を損ないます。ユーザーは正確性を求めています。必ず、正しいかどうか調べましょう。

知らないことは必ず調べる

　知らないことはそのままにせず、徹底的に調べて正確に書きましょう。熱心に調べた努力はユーザーに伝わります。丁寧に調べて書かれていると「安心できる」「信頼できる」と思われるでしょう。

> **情報源を選ぶポイント**
> - 信頼性が高い
> - 新しい

　信頼性の高い、新しい情報を調べましょう。たとえ専門家や専門機関による信頼性の高い情報であったとしても古い情報では意味がありません。最新情報を伝えるようにしましょう。

では、調べてもわからないことがあったときはどうすればよいのでしょうか？

> **調べてもわからないとき**
> ● **わからないことまで書かない**
> ● **わからない部分はわからないと書く**

　わからないことまで書かないようにしましょう。または、わかる部分とわからない部分を明確に分けて書きます。どこまでがわかっていて、どこからがわかっていないのかを書くのです。正直に書くことにより、**信用できる企業・人物**であることが伝わります。

みっちん

「調べる」ことは誰にでもできること。でも、丁寧に調べられる人は少ないわ。

あき

それならきちんと調べるだけで他社と差がつくね！

6-2 決めつける言い方をしない

あき　決めつける言い方って？

　世の中には自分とは異なる意見をもつ人が多くいます。1つの出来事に対して、人それぞれ違うとらえ方をします。そのため、「〜ですよね」と自分の意見を伝えると、人によっては当てはまらず、「そんなことはない」と反発される場合があります。そこで読むのをやめてしまうでしょう。

シニア世代に向けての例文

△　働けるうちは働き続けたいですよね。

みっちん　私は南の島に行って遊びたいわ。

　シニア世代には働きたくない方もいらっしゃいます。「シニア」という属性によってひとくくりにし、決めつける表現は避けましょう。世の中には誰一人として同じ人間はいません。**人をカテゴリ分けして「だからあなたはこう」と勝手に決められるとよく思わない人が多いです。**

男女の性差についての例文

△ 女なのだから料理くらいできないといけない。
△ (泣いている男性に対して) 男らしくない。

あき　男だから、女だからとか関係ない！

　ジェンダーレスの意識が高まっている今。ジェンダーレスとは、社会的、文化的に作られた性差別をなくそうとする考え方です。**性別を強調して決めつける風潮は過去のものになりつつあります。**今の社会にとって問題のない表現をしましょう。ジェンダーレスについて、具体的には6-5「用語・用法をチェックしよう」で説明します。

6-3

著作権に気をつけよう

Web上のコンテンツは基本的にすべて著作物であり、著作権法により守られています（著作物にあてはまらないものについては後述します）。

著作物の例
写真、イラスト画像、文章、動画、小説・マンガ、音楽

Web上の文章や画像など他者の著作物を無断転載すると、著作権侵害で訴えられる可能性があります。

6-3-1 │ 著作権者に確認して使用する

記事で使用したい場合には、必ず著作権者に確認し、許諾を得てから指示に従って使用しましょう。文章は引用のルールに従っていれば確認する必要はありませんが、写真についてはトラブルが発生する可能性があります。

Webサイトを確認する
まずはWebサイトの「サイトのご利用にあたって」ページなどサイトの運用方針が示されたページを確認します。「利用規約」、「リンクについて」などページ名はサイトにより異なります。

158

「サイトのご利用にあたって」ページがある場合

　使用可能と記載されている場合は、出典の表記の仕方、リンクなどについて指示に従います。どのように記載したらよいかはサイト運営者により異なりますので、必ず指示通りにしましょう。一般的な出典の表記の仕方について詳細は6-4「引用のルール」で説明します。

　なお、使用不可の場合は引用してはいけません。

「サイトのご利用にあたって」ページがない場合

　Webサイトのお問い合わせフォームや連絡先から、著作権者に確認しましょう。必ず、自分は何者であるか名乗り、自社サイトの紹介をしてから、用途と使用箇所を伝えて判断してもらいましょう。

> **著作権者に確認するときのポイント**
> - 社名、所属先、名前を伝える
> - 自社サイト（コンテンツ）のコンセプトを簡潔に紹介する
> - 用途を伝える
> - 使用したい箇所を伝える

あき

うーん、何か例文があるとわかりやすいんだけどな。

みっちん

じゃあ、今ここで私が作るわ。
（鼻歌を歌いながらパソコンに入力し始める）

お問い合わせの例文

○○○○○サイト運営者様

突然恐れ入ります。
株式会社ルミナス営業部の池井秋子と申します。
当社は、岐阜県に本社を置くラッピングメーカーです。

公式サイトでさまざまなラッピングアイデアを紹介しております。

麻紐を使った意外なラッピング方法はないかと検索しておりましたところ、貴ブログサイト「◎◎◎（ページタイトル名）」にて○○の写真をみつけ、感銘を受けました。
当社サイトで○○の写真を紹介させていただけませんでしょうか？

使用させていただきたい写真
https://www.AAAAAAA/aaaaaaa/
２番目に掲載されている写真○○

当社サイトコンテンツ
【中の人が教える】簡単！ラッピングアイデア
https://www.BBBBBBB/bbbbbbb/

お忙しいところ、大変恐れ入ります。
ご検討いただけますよう、よろしくお願いいたします。

あき　みっちん、鼻歌を歌いながら書けるなんてさすが！

みっちん　こほん、余裕よ。ポイントは具体的に伝えることよ。

　相手はどのように紹介されるのかにより判断します。もちろん、掲載先（ルミナスサイト）の信頼性も判断基準に入れられるでしょう。許可してもらえた場合は相手の指示通りに使用しましょう。
　ページ公開時にはお礼とともに、よろしければぜひご覧くださいとURLを送りましょう。相手に敬意を払うことが大切です。

著作物にあたらないものもある
　事実やありふれた表現、短い文、アイデアなどは著作物にあたりません。ただし、技術的なアイデア（発明）は特許法により保護されている場合がありますので、注意が必要です。

6-3-2 著作権以外の権利も確認する

　世の中には著作権以外にも多くの権利があります。**特許権、意匠権、商標権などの知的財産権、肖像権、パブリシティ権、プライバシー権**など、さまざまな権利を侵害しないよう十分に配慮しましょう。

> さまざまな権利に配慮する
> - 人物を許可なく撮影し、公開しない
> - 他社のロゴを使用するときは、許諾を得る（ガイドラインがある場合は、ガイドラインの指示通りにする）
> - 住所、電話番号、メールアドレスなどの個人情報を本人の許可なく公開しない

　基本的に**直接相手にメールで確認**しましょう。文面に残すことにより、トラブルを防ぎやすくなります。

あき　世の中にはいろいろな権利があるんだね。

みっちん　必ず権利者に確認しよう。

引用のルール

あき 著作権者さんに確認が取れたよ！

みっちん よかった！　じゃあ早速引用のルールを教えるわね。

　他者の文章や画像などを引用する場合には、引用とわかるように記す必要があります。引用とは、自社サイトに他者の文章や画像などを掲載することです。

> **出典と引用の違い**
> - **出典**：引用の出どころ
> - **引用**：自社サイトに他者の文章や画像などを掲載すること

引用の4つのルール

　文化庁が定める引用の注意事項は、4つあります。

> （注5）引用における注意事項
> 　他人の著作物を自分の著作物の中に取り込む場合，すなわち引用を行う場合，一般的には，以下の事項に注意しなければなりません。
>
> （1）他人の著作物を引用する必然性があること。

> （2）かぎ括弧をつけるなど，自分の著作物と引用部分とが区別されていること。
> （3）自分の著作物と引用する著作物との主従関係が明確であること（自分の著作物が主体）。
> （4）出所の明示がなされていること。（第48条）
> （参照：最判昭和55年3月28日「パロディー事件」）

出典：文化庁「著作物が自由に使える場合」https://www.bunka.go.jp/seisaku/chosakuken/seidokaisetsu/gaiyo/chosakubutsu_jiyu.html

みっちん　簡単にまとめると、次のようになるわ。

引用の4つのルールとは
- 文章の流れ上、引用する必要がある場合に引用する
- 自分のオリジナル記事と引用部分を区別する
- 自分のオリジナル記事がメイン（引用は補足）
- 引用文や画像の下に「出典」を明記する

出典：片桐光知子、『一生使える　Webライティングの教室』、マイナビ出版、2022年3月、P189

　Webページで引用部分を示すには、引用の箇所に対して「引用タグ」で表現しましょう。Webサイトの記事を作る管理画面で、「引用」アイコンをクリックすると、引用とわかるデザインに変わります。
　もちろん、""や「 」で囲って、引用とわかるようにしてもかまいません。ただ、引用タグを使うと引用部分だけデザインが変わり視認性が高まりますので、引用タグを使ったほうがよいでしょう。

引用タグ

> 波多野完治氏（1905年2月7日〜2001年5月23日）は、日本における文章心理学の先駆け的存在といわれている。
>
> 波多野氏は書き方のポイントのひとつとして、ゆっくり話すように書くことの大切さを伝えている。
>
> > 実用文ではなるべく話す調子を出しながら書くのがよいので、まず、ゆっくり話すぐらいのつもりで書けば、その文はわかりやすいものになる。
>
> 波多野完治、『実用文の書き方—文章心理学的発想法』、光文社、1962年6月、P261

引用タグを使用した部分は本文と異なる見え方になる

6-4-1 Webページから引用する場合

　Webページに記載方法が示されている場合は、その指示に従います。ここでは、一般的な書き方を紹介しましょう。

出典：サイト名、「ページタイトル」、URL、引用した日付

Webページから引用する例（1）

> "2022 年 10 月に検索の基本事項をリリースし、ユーザーを保護しながら質の高い検索結果を表示するために、Google が遵守しているポリシーと実践方法について明確化しました。Google のポリシーに違反しているサイトは、検索結果での掲載順位が下がったり、まったく表示されなかったりします。"

出典：Google 検索セントラル ブログ「新しいユーザー フィードバック フォームで検索の質に関する問題を報告する」(https://developers.google.com/search/blog/2023/06/reporting-search-quality-issues?hl=ja) 参照 2024 年 5 月 5 日

　出典の書き方について、URL 部分はページタイトルにリンクを貼って表現してもよいでしょう。

Webページから引用する例（2）

出典：Google 検索セントラル ブログ「新しいユーザー フィードバック フォームで検索の質に関する問題を報告する」参照 2024 年 5 月 5 日
※下線部分が URL へのリンクになっている

6-4-2 ｜ 書籍から引用する場合

　書籍の場合は、「著作者、『本のタイトル』、出版社名、出版年月、ページ」を明記しましょう。最後のページ（奥付：おくづけ）に記されています。

出典：著作者、『本のタイトル』、出版社名、出版年月、ページ

書籍から引用する例

"「2015年に1回でもインターネットを利用した人は1億46万人で（総務省，2016α）、日常的ネット利用者は7663万人となった（橋元，2016）。5年前と比較すると、前者は584万人の増加、後者は389万人の増加にとどまり、利用者数の面からはインターネットは成熟段階に達した。"

出典：佐々木裕一、『ソーシャルメディア四半世紀：情報資本主義に飲み込まれる時間とコンテンツ』、日本経済新聞出版社、2018年6月、P326

6-4-3 │ 引用したい文に誤字脱字がある場合

文中に誤字脱字があったとしてもそのまま引用します。改変してはいけません。

この場合、その語句の直後に（ママ）、（原文ママ）と記します。「原文のママ」という意味です。

誤字がある例

「間違ったスキンケアにより肌のバリア昨日（ママ）が低下し乾燥しやすい状態になる」と指摘している。

連絡が取れる相手であれば、丁重に質問したほうがよいです。細部まで丁寧に読み、親切に教えてもらえたと思われる場合が多いでしょう。相手に修正してもらえれば、誤字脱字のない文章を引用することができます。

あき　そっかあ。間違っていてもそのまま引用しないといけないんだね。

みっちん　そうよ。法律で改変してはいけないと定められているから、一字一句変えてはいけないの。

6-4-4 | 参考にした著作物がある場合

　執筆の過程全体を通して参考にした著作物がある場合は、「**参考**」**として出典を明記しましょう**。他者の著作物を参考に自分なりに考え、新しいものにして公表することは全く問題ありません。ただし、出典の記載がないと自分で一から考えたものだと誤解を与えてしまいます。忘れずに出典を明記しましょう。

参考にした著作物の出典を明記する例

参考：波多野完治、『文章心理學入門』、新潮文庫、1964年6月

あき　参考にした場合も書くんだね！　えっと、記事のどこに書いたらいいのかな？

みっちん　記事の最後に書くのが一般的よ。

6-5 用語・用法をチェックしよう

あき: 用語・用法か。なんか難しそうだね。

みっちん: ちょっとずつ解説していくから大丈夫よ。

6-5-1 固有名詞を確認する

　会社名、人名、地名などの固有名詞の間違いは、書いている対象が違うことになるため致命的なミスとなります。ユーザーに誤った情報を提供することになってしまうので、手間を惜しまずよく確認しましょう。漢字、ひらがな、カタカナ、英字のどれを使うのが正式なのかもチェックする必要があります。

　Web上には間違った情報も存在しています。固有名詞は公式サイトで調べましょう。公的機関や専門機関が発信しているサイトで調べる手もあります。

みっちん: 正式な表記になっているか必ず確認しよう。

間違えやすい固有名詞の例　※（　）内は誤り

キヤノン（✗キャノン）　キユーピー（✗キューピー）　日本コンベヤ（✗日本コンベア）　日本トイザらス（✗日本トイザラス）　ブリヂストン（✗ブリジストン）　富士フイルム（✗富士フィルム）

あき　えっ、こういう表記なの？！　初めて知った！

会社名と店名の表記が異なる小売業　※（　）内は店名

イトーヨーカ堂（イトーヨーカドー）　セブン-イレブン・ジャパン（セブン-イレブン）　ファーストリテイリング（ユニクロ）

みっちん　こういう場合もあるから気をつけよう。

6-5-2 ｜ 差別語・不快語に気をつける

みっちん　誰かを傷つける表現になっていないか、気をつけないといけないわ。

　書き手に差別意識がなくても、読み手が不快に感じる言葉があります。差別的な言葉や言い回しは使わないように十分配慮しましょう。**性別、職業、身分、地位、境遇、信条、人種、民族、地域、心身の状態、病気、身体的な特徴**など、関連する言葉はさまざまです。

差別語・不快語の例

✕	サラ金	◯	消費者金融
✕	町医者	◯	開業医
✕	どもり	◯	吃音（きつおん）
✕	片親	◯	ひとり親家庭

　性別による差別表現もあります。「男は仕事、女は家庭」など、戦前の家父長制度の意識を引きずる男尊女卑や性別による役割分担の表現は使わないようにしましょう。これは女性だけでなく、男性、トランスジェンダーなどすべての人にいえることです。

※トランスジェンダー（生まれたときに割り当てられた性別にとらわれない性別のあり方を持つ人）

性別による差別表現の例

・女性に対して

　　女のくせに　売れ残り　男勝り　女の浅知恵

・男性に対して

　　男のくせに　男なら泣くな　女の腐ったような

・トランスジェンダーに対して

　　おかま　おなべ　オネエ

　用語そのものだけでなく全体としての論調にも注意が必要です。ただし、使わなければならないこともあります。例えば、インタビューや談話などで当事者が意識的に使った場合、言葉そのものを考察する場合、歴史の記述上使う必要がある場合などです。このような事情のある場合はそのまま書き、なぜその表現を使ったのか書き添えます。

　特定の団体、個人、思想を批判していると受け取られる表現にも気をつけましょう。

当事者はもちろん、当事者じゃなくても不快に感じる用語があるわ。

差別語や不快語じゃないかどうかって、どう調べたらいいのかな？

辞書や書籍で調べるといいわ。例えば、新聞記者が使う『記者ハンドブック』。定期的に改版されているわ。社会は常に変化しているから鵜呑みにしてはいけないけれど、参考にしてみて。

＊差別語・不快語について詳しくは、共同通信社編著、『記者ハンドブック第14版　新聞用字用語集』、共同通信社、2022年3月「差別語、不快語」P471-P477、「ジェンダー平等への配慮」P478-480をご参照ください。他にもさまざまな事例が紹介されています。2025年1月現在は第14版が最新版です。

6-5-3 | 表記揺れに気をつける

「表記揺れ」って何？

　表記揺れとは、1つの記事内で、同音・同意味の語句が異なって表記されることです。内容がよくても、表記揺れがあると価値が下がってしまいます。

表記揺れの例
ください　下さい
いたします　致します
取り扱い　取扱い　取扱
申し込み　申込み　申込
Web　WEB　web　ウェブ

172

1つの記事のなかに異なる表記があると文章が読みづらくなります。誤字脱字同様、表記揺れにも注意しましょう。

ただし、強い意図があり、あえて異なる表記にしている場合はこの限りではありません。

また、固有名詞はそのままの表記にする必要があります。

固有名詞の表記が異なる例
Webライティング（Web）
ウェブ解析士（ウェブ）

「Web」も「ウェブ」も意味は同じです。Webライティングについての記事で「Web」に統一して「Web」を使用しているとしましょう。ここに「ウェブ解析士」の紹介文が入るとき、「ウェブ」を「Web」に統一することはしません。なぜなら、「ウェブ解析士」は固有名詞だからです。

日本語特有の表現
- **ひらがな、漢字、カタカナ…全角**
- **英数字…半角**

カタカナを使うときは、全角カタカナを使用しましょう。半角カタカナでは文字化けする可能性があるからです。現在のWeb環境では文字化けはほとんど起こりませんが、必ずとは言い切れません。

英数字は半角を使用しましょう。全角の英数字はデータとして処理されません。Webでは特に理由がない限り、英数字は半角を使用します。

表記のルールを作ろう

表記揺れを防ぐために、あらかじめルールを作っておくとよいでしょう。以下を参考にしてください。

・ペルソナに合わせる
　ペルソナにとって読みやすい表記を採用します。

・漢字使用率を少なくする
　Web上で漢字はつぶれやすく見づらいです。極力使わないようにしましょう。例えば、「致します」は「いたします」にしたほうが見やすいです。

みっちん
　ただし、すでに自社のルールがある場合はその書き方に合わせて。

6-5-4 誇大表現に注意する

あき
　誇大表現って何だろう？

　誇大表現とは、自社商品やサービスをよりよく伝えようと大げさな言葉を使うことです。事実よりも強調した言い方をすると、法に触れる場合があります。
　「初」「唯一」「トップ」「一番」「最高」「ナンバーワン」など、強い訴求力を有する表現は、正しいかどうか確固たる根拠がない限り使用できません。使用する際は根拠と合わせて表記しなければなりません。

根拠が必要な例

△　顧客満足度第1位

△　顧客満足度第1位（自社調べ）

○　顧客満足度第1位
2024年度JCSI（日本版顧客満足度指数：Japanese Customer Satisfaction Index）調査「○○○部門」

第三者調査機関による調査結果であり、かつ1年以内である必要があります。

「絶対」「完璧」「完全」は使用してはいけません。世の中には、絶対、完璧、完全と言い切れることはないからです。大げさな表現は、ユーザーに誤解を与えます。過剰表現になっていないか注意しましょう。言い切らないことがポイントです。

過剰表現にあたる例

△　絶対に曇らない眼鏡

○　曇りにくい眼鏡

△　完璧な施工

○　ハイクオリティな施工

6-6
校正しよう

みっちん

さあ、最後の仕上げよ。細部までチェックするための6つのポイントを紹介するわ。

6-6-1 校正ポイントごとに分ける

文章のミスを見つけて正す作業を校正といいます。せっかく有益な情報が書かれていても、ほんの少しの変換ミスや日本語の間違いがあるだけで、文章の信頼性が大きく損なわれます。**効率的に校正を進めるために、ポイントごとに分けて校正するとよいでしょう。**1つのポイントに集中することにより、見落としを防ぎやすくなります。

校正のポイント

- **入力ミスを確認する**
  変換ミス、誤字脱字はないか。表記揺れはないか。

- **文法の間違いはないか**
  用語の意味・用法に間違いはないか。

- **公序良俗に反する表現、誤解を招く表現、不快感を与える表現はないか**

入力ミスと文法の間違いはGoogleドキュメントの校正機能によりチェックすることもできます。1-2-4「スムーズに書くためのツール」を参考にしてください。

　しかし、Googleドキュメントでは検出されないミスもあります。確認するときは、流し読みせずに1文字ずつ読むことで見つけやすくなるでしょう。

校正の例
△　試験問題は容易に溶けた。（変換ミス）
○　試験問題は容易に解けた。

△　メッセージタグは装飾感が強いので本格的に見せくれます。
　　（脱字）
○　メッセージタグは装飾感が強いので本格的に見せてくれます。

　用語の意味・用法の誤りは自分では気づけないことが多いです。日ごろ正しいと思い込んで使っているからです。公序良俗に反する表現も自覚がなく気づけないことがあります。

あき

自分で書いた文章を客観的に見直すことって難しいよね。どうしたらいいんだろう？

みっちん

あきちゃん、次項以降で紹介していくわ。

6-6-2 | AIを活用する

みっちん
AIに文章の改善点を聞いてみよう。

　困ったときにはAIに意見を求めるのもよいでしょう。AIに意見をもらい、自分で何度も推敲することによって、よりよい文章が出来上がります。英語学習と同じく、語彙力や表現力が高められます。提案された書き方が、次に書くときに役立つでしょう。
　すべての文をチェックするのではなく、自信のない表現をチェックします。自分らしさを失わずに文章の改善提案を受けることができるでしょう。

AIへの質問例

- 「正確な日本語にしてください」
　文法や表記の誤りを修正して、文章を正確にしてくれます。

- 「短くしてください」
　冗長表現や余分な言葉を削り、できるだけ短く簡潔にしてくれます。

- 「要約してください」
　全体の要約を書いてくれるので、話の大筋を再確認するのに便利です。

6-6-3 | 印刷して声に出して読む

あき
資料を印刷して確認するのはよくやってるよ。Web記事の場合も印刷するといいのかな？

　印刷したほうが見やすく、ミスに気づきやすくなります。プリントアウトし、声に出して読みましょう。Web画面を見ていたときと異なり、新しい感覚で客観的に見ることができます。黙読すると気づきにくいですが、声に出して読むと読みにくい箇所が明らかになります。
　まずは、**自分が伝えたいことが伝えられているか確認しましょう。**声に出すと、言葉のニュアンスが違う、大事な文が最初のほうで伝えられていない、この一文は要らないなど、多くのことが見えてきます。伝えたいことをそのままユーザーに伝えられるように調整しましょう。
　また、矛盾点があるとユーザーを混乱させてしまいます。**全体の趣旨と真逆のことを伝えている部分があれば正しましょう。**
　「個人差がある」「商品の仕様が変更になる場合がある」等、補足事項を伝えるときは文中ではなく記事の最後に書き添えましょう。重要なことであれば、文頭に簡潔に一文入れる必要があります。

あき
ここ、すんなり読めないな。前後の文がうまくつながっていない気がする。声に出すのって大事だね！

（声に出して読むあきちゃん）

みっちん
黙読するより発声したほうが脳が活性化するっていう研究結果もあるわ。声に出して読むようにしよう！

6-6-4 | スマートフォンで確認する

スマートフォンで見る人が多いから、チェックしておこう。

　今の時代、パソコンよりもスマートフォンで閲覧するユーザーのほうが多い傾向にあります。書き手はパソコンで書く場合がほとんどなので、パソコンで見て確認しようとします。必ず、スマートフォンでも確認してください。パソコンの見え方とスマートフォンの見え方は全く異なります。

　多くの人がスマートフォンを使用して通勤中や通学中、昼休み、寝る前などの空き時間に記事を読みます。**パソコンで作成したものをそのまま公開するのではなく、一度スマートフォンで確認し、より読みやすい記事に改善しましょう。**

　パソコンで閲覧されることが多いサイトであっても、スマートフォンで見て最低限読みやすい状態にしておきましょう。

　スマートフォンで直接確認する以外に、パソコンでスマートフォンの画面を確認する方法もあります。

　次のページから、その方法を解説しましょう。

ステップ ― Google Chrome デベロッパーツールでの表示確認方法

①まずは Google Chrome を開きます。デベロッパーツールを起動するには、Windows の場合「Ctrl」＋「Shift」＋「I（アイ）」キーを同時に押すか、「F12」キーを押します。Mac の場合は「command」＋「option」＋「I（アイ）」で起動します。

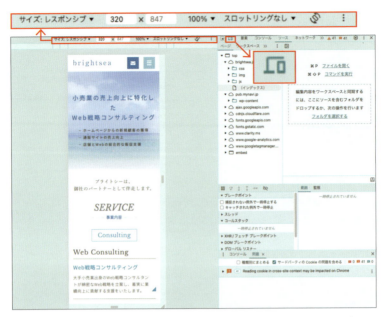

②のアイコンを押すと、画面左カラムに「サイズ：レスポンシブ▼」や「100%▼」など書かれたツールバーが表示されます。

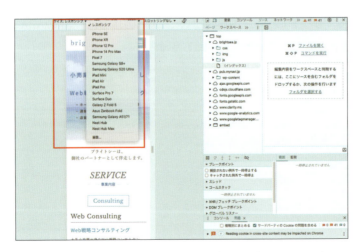

③左カラム上部の「サイズ：レスポンシブ」というボタンからさまざまなデバイスでの見え方を確認することができます。

6-6-5 | 時間をおいて改めて読む

みっちん しばらく放置するわ。

完成したらしばらく寝かせます。**早くても翌日以降に改めて読みましょう。**客観的に自分の文章を読むことができます。

チェック方法
- **内容を見直す**
  まずは、大枠（内容面）を見直しましょう。

- **細部を見直す**
  文章の細かなところまでチェックしましょう。

- **最後にもう一度通して読む**
  最初から最後まで通して読みましょう。

見直し作業は時間を決めて行い、制限時間内に終わらせましょう。時間を決めない場合よりも、集中してチェックすることができます。長時間頑張りすぎないようにすること、大まかに見てから細部を確認することがポイントです。無理なく進められるようにしましょう。

見直しのポイント
- **時間を決めて集中する**
- **大まかに見てから細部を見る**

みっちん　翌日以降に読む、つまり寝るのが一番よ。脳がリセットされるし。ふぁあ（あくび）。おやすみ。Zzz……

（あきちゃんの膝の上で寝るみっちん）

あき　ちょっとみっちん、みっちん！　……（やれやれ）

6-6-6 複数人でチェックする

あき　きちんとしたチェック体制って大事だよね！

　自分でチェックしたあと、他のメンバーにチェックしてもらい、最後に上長に承認をもらいましょう。自分では気づけない問題点があるかもしれませんので、必ず複数人でチェックすることが重要です。

チェック体制を万全にするメリット

- **炎上の防止につながる**
  無意識に、公序良俗に反する表現、誤解を招く表現、不快感を与える表現をしてしまっている場合、公開前に修正できます。

- **自分では気づけなかった文章のミスに気づけることがある**
  言葉の用法が間違っているときやふさわしい言い回しではないとき、教えてもらうことができます。

この章のポイント

- 知らないことは書かない
- 決めつける言い方をしない
- 著作権に気をつける
  - 著作権者に許諾を得る
- 引用のルールを守る
  - 文章の流れ上、引用する必要がある場合に引用する
  - 自分のオリジナル記事と引用部分を区別する
  - 自分のオリジナル記事がメイン（引用は補足）
  - 引用文や画像の下に「出典」を明記する
  - 引用したい文に誤字脱字があっても改変せずそのまま使用する
  - 執筆にあたり参考にした著作物がある場合は「参考」として明記する

- 用語・用法をチェックする4つのポイント
  固有名詞を確認する／差別語・不快語に気をつける／表記揺れに気をつける／誇大表現に注意する

- 校正の6つのポイント
  校正ポイントごとに分ける／AIを活用する／印刷して声に出して読む／スマートフォンで確認する／時間をおいて改めて読む／複数人でチェックする

GOAL

あき: 見直すことで完成度が上がった！　文章にはいろいろなマナーがあるんだね！

みっちん: 正しい、適切な表現からは書き手の品格が感じられるわ。

あき: たしかに。一箇所でも入力ミスがあると急に「この記事、信じていいのかな？」って気持ちになるよね。細かいところまでしっかりチェックすることって大切だね。

みっちん: そうね。「神は細部に宿る」という言葉があるわ。細部へのこだわりが文章の本質を決めるのよ。

あき: きちんとした会社だなって思われるよね！　神は細部に宿る。肝に銘じます！

Part 7

キャッチコピーで心をつかもう

あき
文章の見直しは終えたし、これで完璧よね？

みっちん
あきちゃん、最後に心に刺さるコピーライティングを伝授するわ。

あき
心に刺さるコピーライティング？

あきちゃんはWeb記事を読むとき、例えば検索したとして、検索結果画面でどうやって読む記事を決めてる？　タイトルを見て、クリックすることが多いんじゃない？

うん、タイトルを見て決めるね。SNSのタイムラインに流れてくる記事へのリンク投稿も、まずその記事のタイトルを見て、興味を惹かれればクリックしてると思う。

うんうん。タイトルってすっごく重要なの。つまり……

どんなに頑張って書いても、タイトルがよくないと読んでもらえない。

せっかく書いたあきちゃんの文章が、できるだけ多くの人に読まれるように、タイトルに力を入れよう！　タイトル、それから文章の書き出しの部分にあたるリード文についても説明するわ。

7-1 タイトルの基本を学ぼう

あき　Webのタイトルってどうやって作ったらいいのかな？

7-1-1 │ Webの文章はタイトルがすべて

みっちん　まず、基本を教えるわ。

　Web記事のなかで一番大事なのはタイトルです。Webでは、検索結果画面で選ばれなければページまで見に来てもらえない傾向にあります。もちろん、SNS経由で見に来られる場合もあるでしょう。この場合でも、必ずタイトルを見てクリックするかどうか判断されます。

　せっかくよいことが書かれていても、タイトルがWebに最適化されていないとクリックしてもらえず、日の目を見ません。すばらしい記事が読まれないのはもったいないです。そこで、Webに適したタイトルの作成方法を紹介していきます。

7-1-2 タイトルの文字数

あき　タイトルって何文字くらいがいいんだろう？

タイトルの文字数の目安は28文字程度です。

タイトル作成のポイント
- 内容が28文字以内でわかる
- 文の前半で重要な内容がわかる

内容が28文字以内でわかる

　パソコン、スマートフォン、いずれも検索エンジンの検索結果で表示されるタイトルの文字数は「**28文字**」が基準になります。28文字以内なら基本的に表示されます。ただ、必ずしも28文字以内にする必要はありません。28文字までで内容がわかればよいです。

検索結果の画面の表示例

なお、検索エンジンのアップデートにより表示文字数は定期的に変化しています。閲覧環境によっても前後しますので、28文字はあくまで目安です。

半角は2文字で1文字とカウント。例えば、「10」は1文字とカウントするわ。
みっちん

40文字未満にしよう

あまりに長いタイトルにすると検索結果画面で意図しない表示になることがあります。前半の20文字程度しか表示されなかったり後半部分だけが表示されたりします。40文字未満で簡潔に表現しましょう。

ステップ　Googleドキュメントで文字数を調べる方法

①文字数を調べたい部分を選択して、「ツール」＞「文字カウント」をクリック。

②文字数が表示されます。「OK」をクリックすると元の画面に戻ります。

みっちん

「Ctrl + Shift + C」でも調べられるわ。

作成したタイトルが採用されない場合もある

　検索エンジンは、書き手が作成したタイトルを参考にしますが、そのまま使うかどうかは検索エンジン側が判断します。ユーザーが検索したキーワードにより、個々のユーザーにとって最適なタイトルに変更される場合もあります。

7-1-3 ｜ 文の前半で重要な内容がわかる

　人が最も注目するのは文の前半です。タイトルの前半には**キーワード、主語など具体的な言葉**を入れましょう。瞬時に「何」についての記事かわかるようにするのです。検索エンジンにとっても文の前半にキーワードがあったほうがわかりやすく、キーワードを前半に配置し

たほうが検索上位表示される率が上がります。

キーワードは文の前半に

△ 自家製のごまだれが味の決め手！真夏にピッタリ！ごま酢うどん

○ 「ごま酢うどん」で暑い夏を乗り切ろう！自家製のごまだれが味の決め手

　△のタイトルは、「何」についての記事か最後まで読まなければわかりません。「自家製のごまだれが味の決め手！真夏にピッタリ！」なのは「何」なのか？　肝心な「ごま酢うどん」が最後に出てきます。
　○のタイトルでは、「ごま酢うどん」が文頭に来るため、「何」についての記事かすぐにわかります。

 できるだけ早い段階でキーワードを出して、何の記事か伝えよう。

7-1-4 ｜ シンプルに伝える

 シンプル・イズ・ザ・ベストよ！

　Webでは、抽象的な言葉はわかりづらいです。特にタイトルには具体的な言葉を使いましょう。雑誌や広告によくある気を引く表現、抽象的な言葉を入れるのはWebではタブーです。

タイトルは**一般的な言葉**で、**短く簡潔**に、**具体的**に表現しましょう。そうすることで、印象的なタイトルが出来上がります。

短く具体的に表現する

△　思わず自慢したくなる！今季にかかせない大人かわいい一目惚れニットを厳選紹介！

〇　【2025春】〇〇〇編集部おすすめニット厳選TOP5

　△は雑誌によくある表現です。魅力的で美しい言葉が並んでいます（※△は悪い例というわけではありません）。もし△をWebのタイトルにしたらどうなるか考えてみましょう。

もっとこう、短くしたほうがいいんじゃないかな？

さすがあきちゃん。いいところに気づいたわね。

　まず、「今季」はWebではいつのことかわかりませんので、具体的に「【2025春】」にします。目立つよう記号で囲いました。
　雑誌を購入した人は「厳選紹介」している人が編集部の人だとわかっています。しかし、検索結果ではわかりにくいです。おすすめしているのが誰であるかは、クリックする判断基準の1つですので、「〇〇〇編集部おすすめ」と入れました。
　「厳選紹介」では具体的なことがわかりませんので、「厳選TOP5」と具体的な数字を入れました。
　この他にも、文字数を超過しないように、かつ具体的に表現するた

めに削ぎ落としたほうがよい言葉を消しています。

記事内容の概要を伝える

　記事内容の核を簡潔に表現しましょう。タイトルと記事の内容は一致させます。煽（あお）るタイトルにならないように注意しましょう。

あき　いいなと思ってクリックしたのに、記事の内容が知りたい情報と違いすぎて残念な気持ちになったことがあるよ。

みっちん　ユーザーをがっかりさせちゃいけないわよね。

あき　概要をバシッと伝えられるタイトルにしないと、だね！

7-1-5 視認性に配慮する

みっちん　Webページはとっても見づらいわ。

　Webは視認性が悪いため、書き手自身が視認性に配慮する必要があると前述しました。タイトルは最も重要です。タイトルを見やすくするためのポイントを紹介しましょう。

記号を活用する

タイトルに記号が入っているとメリハリがつき、見やすくわかりやすくなります。**記号はイラストや写真のようにデザインとしてとらえ、活用しましょう。**

タイトルで使用されることの多い代表的な記号

記号	呼び方	用途
【】	隅付括弧（すみつきかっこ）	最も強調させる
「」	鉤括弧（かぎかっこ）	単語を目立たせる、会話
！	感嘆符（かんたんふ）	注目させる
？	疑問符（ぎもんふ）	問いかける
（）	丸括弧（まるかっこ）	補足する
｜	バーティカルバー	区切る
／	スラッシュ	区切る

※Google日本語入力の場合、「｜」は「たて」と入力すると表示されます。ショートカットキーは「Shift＋¥」です。

あき

たしかに記号があると見やすいよね。

スペース（空白）は使わないようにしましょう。検索結果画面で見た場合に、他のタイトルに比べ目立たず、クリックされにくくなってしまいます。紙媒体では区切るためにスペースを入れることもありますが、Webでは記号で区切るようにしましょう。

△　バレンタイン　おすすめ　ラッピングアレンジ

あき
たまーに見かけるタイトルだね。

みっちん
あきちゃんならどうする？

あき
うーんと。「バレンタインにぴったり　おすすめラッピングアレンジ方法」とかどうかな。あっ、スペースが入った！

みっちん
目立たせるために「！」とか「【】」を使うといいんじゃないかしら。

- バレンタインにぴったり！おすすめラッピングアレンジ方法
- 【バレンタインにぴったり】おすすめラッピングアレンジ方法

あき
なるほど！　スペースで区切る場合よりも目にとまりやすくなるね。

みっちん
タイトルは目立たせることが大事だから、強調する記号を使うといいわ。

カタカナを活用する

あき
カタカナがあると「おっ！」て注目しちゃうな。

　カタカナはひらがな、漢字に比べ使用頻度が低い傾向にあります。このため、カタカナを使うことにより、**インパクトを与える**ことができます。スパイスとして活用するとよいでしょう。

カタカナの例

「スッキリ」「グッと」「ピカピカ」「〜ならコレ！」「〜ってホント？」

　カタカナは字画数が少ないため大変見やすいです。また、カタカナはひらがなに比べ、直線的で角張った形状のものが多いため、輪郭がわかりやすく識別しやすい傾向にあります。
　一方、漢字は見づらいです。タイトルでは字画数の多い漢字を避け、カタカナまたはひらがなにできないか考慮するとよいでしょう。

漢字よりもカタカナのほうがよい例

薔薇→バラ

可愛い→カワイイ

綺麗→キレイ

みっちん　「可愛い」「綺麗」はカタカナ、ひらがなどちらもいいけれど、カタカナだと目立たせることができるわ。

あき　カタカナおそるべし！

7-1-6 最新性を伝える

みっちん：Webでは情報鮮度が命！ 新しい情報だと伝えるのもありよ。

「新しさ」を伝えることは人にも検索エンジンにも効果的です。Web上には古い情報も多く存在しています。ユーザーが知りたいのは新しい情報です。最新性が求められるテーマだけでなく、広く多くの分野において更新日が新しいかどうか重視されています。

タイトルに記事の公開年月を入れるとよいでしょう。記事を更新したときに**更新年月を入れる**のも効果的です。特に情報鮮度が求められる記事内容の場合は、更新日をタイトル文頭に配置しましょう。最新の情報であると瞬時に伝えることができます。

あき：たしかに、みんな新しい情報を選ぶよね。

新しさを伝える例（今年が2025年の場合）

公開時：
- 【2024年6月】ChatGPTの安全なWebライティング活用法

更新時：
- 【2025年1月更新】ChatGPTの安全なWebライティング活用法

7-2 心を動かすタイトルを作ろう

みっちん

さあ、いよいよ心を動かすコピーライティングのテクニックを伝授するわ。

タイトルはできるだけ多く案を出して、最後に1つ選ぶようにしましょう。 たった1つしか考えないよりも効果的なタイトルが出来上がる確率が高くなります。

ここでは、思わずクリックしたくなるコピーライティングのテクニックを2つ紹介しましょう。

7-2-1 意外性がある

あき

（検索結果で意外性があるタイトルを見つけて）何だろう、これ？クリックしてみよう。

意外性とは、思いがけない、予想外、驚きがあることです。人の知的好奇心をそそります。

意外性を伝える例

○ 髪はシャンプーで洗わないほうがいいってホント？湯シャンの魅力を専門家が解説

「髪はシャンプーで洗わないほうがいい」は、一般的にはシャンプーで洗う人が多いため、多くの人から驚かれることです。その後すぐに「ホント？」と疑問形が続きます。「湯シャンの魅力を専門家が解説」とあって、信頼性の高さからついクリックする人もいるでしょう。

○ 文章力を上げる意外な本1選！知らないと損する至極の一冊

「文章力を上げる意外な本1選！」に「意外」とあり、ユーザーの気を引きます。「知らないと損する」と続き、「至極の一冊」としめていることから相当自信のある書籍であることがうかがえます。文章力を上げたいユーザーのなかには、思わずクリックする人もいるでしょう。

7-2-2 | ユーザーを限定する

　ユーザーは、**自分に関係のある記事**を探しています。自分のためにある情報だと思われれば、クリックされやすくなります。ユーザーの現状の課題に近い具体的な事柄を入れたタイトルにするとよいでしょう。

自分に関係がある

　ユーザーの課題を一言で表すとよいでしょう。下の例は、「コピーライティングを学びたい」初心者向けのタイトルです。

関係性を伝える例

○　コピーライティングを学びたい人にオススメ！入門書３選

ユーザーの心の声をそのままタイトルにする

　例えば、疑問形、否定形など、困りごとのあるユーザーの心の声をそのまま言葉にするとよいでしょう。課題が解決できそうだと思ってもらえる情報を続けて入れます。

心の声をタイトルにする例

○　エアコンの水漏れ、自分で直す方法は？原因と対策【動画つき】
○　エアコンの水漏れが直らない！自分で応急処置する方法【動画つき】

7-3 タイトルを作り、見出しを調整しよう

みっちん

さあ、仮タイトルを本番のものにしよう！ 後から見出しの調整方法も教えるわ。

7-3-1 タイトルを作ろう

今は、概要を簡潔に表す仮タイトルになっています。

仮タイトル
元気になれるおしゃれ透明袋ラッピングのやり方

キーワード
ラッピング　おしゃれ　透明　やり方

みっちん

どういうふうに変えよう？

あき

具体的なことを前に持ってこないといけないから、「おしゃれな透明ラッピングのやり方」が文のはじめかな。「元気になれる」はどうしよう？

みっちん

あきちゃん、ユーザーに自分向けの記事だと思ってもらえるようにするのはどうかな。

そうだね！ 友達を元気づけたい人向けに「友達を元気づけるプレゼント編」って付け加えよう。文と文の間のスペースは「！」にしてアクセントをつけてみたよ。

タイトル
おしゃれな透明袋ラッピングのやり方！友達を元気づけるプレゼント編

よし！ この調子で見出しも再チェックしよう。

7-3-2 見出しを調整する

　各見出しの下に本文を書きました。本文を読み、見出しが概要を簡潔に言い表せているかチェックしましょう。

修正前

```
3.作り方
手順1
手順2...
```

手順1、手順2...だとわかりにくいね。

具体的に何をどうするのか簡潔に書くといいわ。

修正後

> 3. ラッピングの手順
>   1. テープ付きOPP袋にお菓子を入れる
>   2. テープ付きOPP袋に乾燥剤を入れる

あき

「作り方」は具体的に「ラッピングの手順」にしたよ。「手順1」…には手順ごとにすることを書いてみた。

みっちん

よい見出しね！

修正前

> 5. 友達に渡す

みっちん

友達に渡してみたらどんな反応をされたの？　本文には様子が書いてあると思うから、本文を一言でまとめてみて。

あき

すっごく喜んでもらえたよ！　具体的に一言で表すと……。これかな。

修正後

> 5. 友達からの評判は上々

みっちん

うん、いい感じね！

見出しの手直しにより、見出しを読めばすぐに概要が理解できる記事になりました。最後にもう一度全体をチェックし、具体的に表現できているか、順番は適切かを確認するとよいでしょう。

おしゃれな透明袋ラッピングのやり方！友達を元気づけるプレゼント編

1. 計画を立てる
2. ラッピンググッズを用意する
3. ラッピングの手順
　　1. テープ付きOPP袋にお菓子を入れる
　　2. テープ付きOPP袋に乾燥剤を入れる
　　3. マスキングテープで裏面をとめる
　　4. マスキングテープで表面をとめる
　　5. メッセージタグシールを貼る
4. 友達からの評判は上々
5. まとめ

Part 7

キャッチコピーで心をつかもう

7-4 リード文の基本を知ろう

みっちん

導入文とも呼ばれるリード文。ユーザーに記事を読んでもらえるように力を入れたい部分よ。

　リード文とは、「4-1　Webページの構成を学ぼう」で説明したように、タイトルとアイキャッチ画像のすぐ下に表示される文章です。ユーザーはリード文を読んで記事を読むかどうか判断します。どのようなリード文なら記事を読み進めてもらいやすいのかポイントを紹介しましょう。

　リード文で概要を伝えてから自己紹介する流れにするとよいです。概要で価値を伝えることによりぐっと惹きつけます。その後、記事を書くにふさわしい人物であるとわかる自己紹介を手短に入れましょう。ユーザーは概要に心惹かれてから、記事の信用性がわかる自己紹介を読みます。ここで続きを読むかどうか決める傾向にあります。

　なお、リード文は**200文字以内**が理想的です。簡潔に伝えましょう。

さらに、リード文のすぐ下に**目次**を入れるとよいです。目次を配置することにより、より具体的に全体の概要を伝えることができます。

7-4-1 | リード文の基本を学ぶ

みっちん

リード文の基本について、例文を挙げて解説するわ。

1　概要を伝える

リード文では、**記事から得られる明るい未来**を伝えます。ペルソナの課題を解決できる、希望が叶えられるなどの価値を手短かつユーザーの心に刺さるように述べましょう。

全体の概要が把握できるかどうかも重要です。6-6-2「AIを活用する」で紹介したAIによる要約を参考にするのもよいでしょう。

2　自分の立場を明らかにする

自分の立場を明らかにすることは信頼性を伝えるために重要です。と同時に、内容を想像してもらいやすくする効果もあります。同じことを語る場合でも、書き手により意味が異なって伝わることがあります。最もよいのは、自分にしか伝えられない情報であると述べることでしょう。続きを読んでもらえる確率が上がります。

リード文の例

> 仕事で何かあったようで元気のない友達。
>
> スイーツに目がない友達のために何かできることはないかな？
>
> そこで、友達が好きなうさぎ型のクッキーを作って贈ることに。明るい気持ちになれるよう、おしゃれにラッピングして、サプライズプレゼントしました！
>
> 私はラッピングメーカールミナスの中の人・池井秋子です。
>
> ・入社1年目ながら、ルミナスグッズ使用歴12年。
> ・週末はお菓子作り＆ラッピングに癒やされています。
>
> 友達を元気づけるためのおしゃれな透明ラッピングのやり方について、計画からラッピングの手順、友達の反応まで紹介します。

　「ルミナスグッズ使用歴12年」により、10年以上使用しているという専門性が伝わります。「お菓子作りとラッピングに癒やされている」のはペルソナとの共通点。親近感を与えることができるでしょう。

毎回、初めて読まれる前提で書く

　初めてWebページに訪れる人が大半だと思ったほうがよいでしょう。訪れたことのある人でもはっきりと覚えている人は少ないです。このため、記事ごとに初めて読まれる前提で書く必要があります。

あき

私は私が書いてるって当たり前にわかっているけど、ユーザーには書き手が誰かわからないよね。

みっちん

誰かわからないと内容も想像しづらいわ。

あき

過去のページで自己紹介したからといってその記事を読んでいる人は限定されるだろうし、読んだユーザーも忘れている場合がほとんどだよね。

みっちん

そう。他のページに書いたからといって自己紹介部分を飛ばすのはNGよ。書籍なら一冊単位で読まれるけれど、Webはページ単位で読まれるから。

7-5

リード文を書こう

みっちん
ここからは、ユーザーを惹きつける魅力的なリード文の書き方について事例を挙げて解説するわ。

　続きを読みたいと思ってもらえるようにするポイント、それは話し言葉にすることです。
　ここでは、解説型と体験型の２つのパターンについて例文を挙げて説明します。

7-5-1 │ 解説型　ユーザーの心の声から始める

　解説型記事の場合は、**ユーザーの気持ちを代弁する声からはじめる**と効果的です。「私の気持ちをわかってくれている」と思われれば、そのまま読み進めてもらえる可能性が高くなります。

解説型記事のリード文の例

> 「自分が話した内容がそのまま入力されるGoogleドキュメントの音声入力って便利」
> 「でも、インタビューのときに相手の声まではうまく入力できないね」
> 「相手の声と自分の声をそのままリアルタイムで文字起こしすることってできないのかな？」

> できます！！
>
> インタビューや打合せの際、音声をリアルタイムで文字起こしして保存してくれるGoogleアプリ「レコーダー」を紹介しましょう。
>
> 私は、ライター歴15年。
> 片っ端から文字起こしアプリを使ってみた結果、ようやく「これだ！」と思えるアプリに巡り合えました！

みっちん　最初は「よい文字起こしの方法が知りたい」っていうユーザーの声。解決する方法があると強く伝えた上で、この記事の書き手がプロのライターさんだとわかるわ。

あき　続きが読みたくなるなあ。

みっちん　解説型の場合は「こうするとよい」というよりも、自分の経験から「こうしたらうまくできました」「こうするとよいとわかりました」と情報共有するように伝えるとユーザーの心に入りやすくなるわよ。

7-5-2 ｜ 体験型　書き手の心の声から始める

　体験型記事の場合は書き手の心の声をそのまま伝えることで、ユーザーをぐっと惹きつけることができます。企業サイトのコンテンツは堅い表現になりやすく、ユーザーに読まれにくい傾向にあります。
　<u>心の声、つぶやきで人らしさを見せる</u>ことにより、読まれやすくなります。ゆるく、やわらかいコンテンツにしましょう。そのまま表現することがはばかられる場合は、かっこ（）をつけると、つぶやきだ

と認識してもらいやすくなります。

みっちん あきちゃんのリード文（7-4-1のリード文）をもう一度見てみよう。心の声が入っているところがあるわ。

体験型記事のリード文の例

> 仕事で何かあったようで元気のない友達。
>
> スイーツに目がない友達のために何かできることはないかな？
>
> そこで、友達が好きなうさぎ型のクッキーを作って贈ることに。明るい気持ちになれるよう、おしゃれにラッピングして、サプライズプレゼントしました！
>
> 私はラッピングメーカールミナスの中の人・池井秋子です。
>
> ・入社1年目ながら、ルミナスグッズ使用歴12年。
> ・週末はお菓子作り＆ラッピングに癒やされています。
>
> 友達を元気づけるためのおしゃれな透明ラッピングのやり方について、計画からラッピングの手順、友達の反応まで紹介します。

みっちん
「スイーツに目がない友達のために何かできることはないかな？」
はあきちゃんが思ったことそのままよね。

あき
最初は「何かできることはないだろうかと考えました。」って書いたんだけど、堅いかなと思って。

みっちん
そうね。話し言葉にしたほうが親しみやすい。書き手が近くにいるみたいに感じられるわ。

あき
話し言葉を意識することが大事なんだね！

この章のポイント

- タイトル
  - ・内容が28文字以内でわかるようにする
  - ・文の前半で重要な内容を伝える
  - ・具体的にシンプルに伝える
  - ・記号やカタカナを使い、見やすくする
  - ・新しさを伝える
- 心を動かすタイトルにする
  - ・意外性がある
  - ・ユーザーを限定する

- リード文
  - ・概要を伝えてから自分の立場を伝える
- リード文の書き方のポイント
  - ・解説型　ユーザーの心の声から始める
  - ・体験型　書き手の心の声から始める

GOAL

あき

これですべて終わった。(頑張ったけど、これでいいのかな)。みっちん、どうかな？（おどおど）。

みっちん

魅力的だわ（うっとり）。

あき

ありがとう！　みっちんが教えてくれたからだよ！

みっちん

そうね！

あき

そうね？　すごい自信！

みっちん

あきちゃんは、もっと自信を持ったほうがいいわ。お客様に出すものに対して自信がないなんてよくないわよ。

あき

みっちん……。そうだね……。

みっちん

もっと胸を張るのよ。自分を信じて。Webライティングにノーベル賞があったら、毎年受賞しているような私が教えてるんだから大丈夫よ！

Part 7　キャッチコピーで心をつかもう

あき

あはは！ みっちん、わかった！ 私、自信を持って頑張る！

Part 8

公開後の更新を大切にしよう

あきちゃん、過去に書いた記事の更新はしているの？

あー、記事を書くことに一生懸命になって過去記事のことは頭になかったな。

あきちゃんは毎月アクセス解析データを見ているわよね。

あき
うん、みっちんが最初に教えてくれた見方で概要は把握しているつもりなんだけど。記事ごとにどうなのかまでは見れていないな…。

 みっちん
人気のある記事とない記事で差がついてきていると思うわ。

 あき
人気のある記事をよりよくして、もっと読まれるようにするといいよね。

 みっちん
そのとおり！　具体的な更新方法を説明するわ。

8-1

アクセス解析をしよう

みっちん　Google Analyticsを使ってアクセス状況を調べよう。

8-1-1 ユーザーの多い記事を参考にする

　Google Analyticsを使って、ユーザー数（閲覧者数）の多い記事を調べてみましょう。

ステップ Google Analyticsを確認する

①ブラウザでGoogle Analyticsを開き「レポート」＞「エンゲージメント」＞「ページとスクリーン」をクリック。

②ページの表示回数が多い順に表示されます。「ページパスとスクリーン　クラス」をクリックしてみましょう。

③表示されたメニューから「ページタイトルとスクリーン　クラス」を選びます。

④URLで表示されていたタイトルが、ページタイトルに変更されました。

ユーザー数の多い記事を更新する

ユーザー数の多い記事ほどニーズが高いため、更新していく必要があります。

ユーザー数の多い記事を今後のお手本にする

ユーザー数の多い記事は、主に2つの点からお手本にできます。

1つは企画内容です。ユーザーの求めている企画内容であり、情報が過不足なく適切であったことが予想されます。

もう1つは、タイトルです。心を動かすコピーライティングができている可能性が高いです。**今後の企画立案、タイトル作成に活かしましょう。**

あき

（画面を見つめながら）へえ、こういう記事が読まれているんだね！

みっちん

今はまだ3カ月しか経っていないけれど、半年、1年と運用していくと、もっとニーズがはっきりしてくるわ。記事ごとのユーザー数を定期的にチェックして、今後の運営に役立てよう！

8-2 自社の話題をチェックしよう

みっちん
自社に関するWeb記事が公開されたときに、メールで通知が届くようにする方法を紹介するわ。

あき
どうやってやるの?

みっちん
Googleアラートというサービスを使うの。すごく便利よ。

8-2-1 自社名、自社商品名を登録する

　Googleアラートに自社名や自社商品(サービス)名などを登録しておきましょう。登録した言葉で新たなWeb記事が作成されたときにGoogleからメールで通知が届きます。通知の頻度は自由に設定できます。通知が届いたら、**誰がどのような内容で取り上げているのかチェック**してみましょう。

ステップ Googleアラートを作成する
https://www.google.co.jp/alerts

①まず、ブラウザでGoogleアラートを開きます。「アラートを作成」欄に「ルミナス」と入力して「オプションを表示」をクリックします。

②配信頻度や言語、件数などの各種設定を確認し、「アラートを作成」をクリックします。

③アラートが作成されました。

　記事の内容は、今後の運営に活かすことができます。良いことも悪いことも、時間を割いて書いてくださったありがたい意見です。目を通すことで、どのように更新していくべきかヒントが得られるでしょう。

自社サイトの著作物が無断転載されていたら
　自社サイトの画像や文章が無断転載されていたら、サイト運営者に連絡しましょう。出典元を明記してリンクを貼ってもらえれば使用可能であることを伝えるとよいです。
　公序良俗に反するサイトに掲載されているなど悪質な場合は、サイト運営者に削除依頼をしましょう。

8-3
定期的に過去記事を更新しよう

みっちん

Webページは公開してからが本番と言えるわ。過去記事を改善していこう。

　定期的な更新は「新しい情報である」という安心感を与えます。ページの更新率が高いと検索エンジンからも高い評価を受けます。定期的な更新により、検索順位を上げ、サイト流入数を増やしましょう。

8-3-1 │ 最新情報に更新する

　ページのなかで古くなっている情報はないか、チェックしましょう。検索エンジンは新しいかどうか確認しています。**最新情報を追記する、修正する、古い情報を削除する**など、ページを改善していきましょう。

追記する部分が多いときは新しい記事にする

　追記のボリュームが多くなってしまう場合は新規記事として作成しましょう。この場合、過去の記事と新しい記事をリンクすることで、ユーザーがページを行き来できるようにします。

リンク切れに注意

　リンク先のページが削除されている場合があります。リンク切れがあるとユーザーを残念な気持ちにさせてしまいます。リンク先のペー

ジにアクセスできるか確認しておきましょう。

みっちん
ユーザーにとって役立つ情報は何か考え、定期的に改善していく姿勢が大事よ。

8-3-2 記事の下部におすすめ記事へのリンクを載せる

　記事を気に入ったユーザーが他の記事も読もうとしたときに、関連するおすすめ記事へのリンクが載っていると親切です。**記事の下部に1、2点ほどおすすめ記事へのリンクを入れましょう。**多くあるとユーザーが迷ってしまいストレスを感じる場合がありますので、3点以上は入れないほうがよいです。本当におすすめしたいものにしましょう。

関連性の高さ

　この記事をいいなと思う人ならあの記事も気に入ってもらえるだろう、そんな関連性の高い記事を紹介するとよいでしょう。
　新しい記事を公開するときに関連する過去記事へのリンクを入れることはよくありますが、逆は忘れがちです。関連する過去記事から新規記事へリンクするのも忘れないようにしましょう。

人気の高さ

　関連する記事がない場合は、コンテンツ全体で人気のある記事の紹介をするのも効果的です。人気のある記事は、気に入ってもらえる可能性も高いでしょう。

あき

たくさん紹介したくなっちゃうけど、厳選したほうがいいんだね……。

みっちん

そう。たくさんあると、ユーザーが「いったいどの記事を読めばいいんだろう」って悩んでしまうわ。厳選しよう！

8-3-3 ビジュアルを追加する

みっちん

ユーザーが理解しやすいように、視覚的なアプローチを取り入れるのも効果的よ。

特にニーズの高い記事には、**ビジュアルを追加し、よりわかりやすくする**とよいでしょう。

グラフを追加する

オンラインデザインツールCanva（キャンバ）(https://www.canva.com/ja_jp/) を使えば誰でも簡単に本格的なグラフが作れます。おしゃれでハイセンスなフォーマットが多数用意されています。無料版でも多くの機能が使えるのも魅力です。

例えば、公的機関のデータをそのまま使うのではなく、Canvaで**自社ブランドに合う色やフォントでグラフを作る**のもよいでしょう。

なお、テンプレートや素材を検索するときは、英語で検索したほうがより多くのデザインが表示されます。

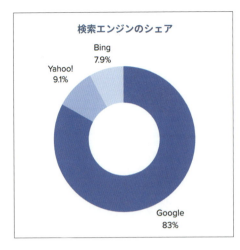

2024年12月における日本の検索エンジンのシェア（StatCounter Global Stats：Search Engine Market Share Japanをもとに筆者作成（1%未満の検索エンジンを除く））

みっちん　ユーザーは画像検索から流入してくる場合もあるわ。わかりやすいグラフ画像を作って載せておこう。

動画を追加する

YouTube動画
カミキィ（https://www.youtube.com/watch?v=0io1-_s53VQ）

動画はユーザーの理解促進のために有効です。YouTubeを使えば誰でも簡単に動画をアップロードできます。YouTubeに動画をアップロードして、YouTubeの埋め込み機能で自社サイトに貼り付ければ完成です。ぜひ活用しましょう。

8-3-4 ｜ 記事に対するお客様の反応を紹介する

　「8-2　自社の話題をチェックしよう」で、Googleアラートに自社名、自社商品名などを登録しておくと、登録した言葉で新たな記事が作成されたときにGoogleから通知が届くと述べました。**紹介したいと思うサイトがあれば、コンタクトを取って、自社の公式サイトで紹介してよいか確認しましょう。**許諾が得られたら記事で紹介し、公開時にはお礼メールを送るようにしましょう。

あき

私が書いた記事を見て作ってくださった方の作品をルミナスのサイトで紹介したのね。そしたら、SNSで私の記事を紹介してくださって、急に流入数が増えたんだよ！

みっちん

ありがたいことね。公式から取り上げられるのはファンの方にとってはうれしいことだから喜ばれることが多いわ。

8-4 価値の低い記事は思い切って削除しよう

あき: えっ、せっかく書いたのに消しちゃうの?

2022年12月5日、Googleは役に立たないコンテンツを保有しているサイトの評価をサイト単位で落とすと公表しました。価値の低いページがあることは足かせでしかありません。サイト全体の評価が下がらないように、思い切って削除しましょう。

情報が古く、役に立たなくなった記事を削除する

例えば、解説記事、質問への回答記事の場合、古くて正確ではなくなった情報を掲載し続けてはいけません。更新できるなら更新し、不可能であれば削除しましょう。

その他の記事の場合でも、公開後に削除した部分のある記事については、中途半端な内容になっていないかチェックします。内容の薄い記事になっている場合は消しましょう。

みっちん: 半年、1年と運営していくと記事の整理が必要になるときが来るわ。役に立たない情報は中途半端に残さないようにしよう。

8-5 ユーザーを巻き込もう

 みっちん　多くの人を巻き込むことは成功につながるわ。

　お客様に質問を募集し、お客様参加型コンテンツにするのもおすすめです。一方通行ではなく、一緒にコンテンツを作り上げていきたいという姿勢は好ましく受け入れられるでしょう。質問受付中であること、気軽にお問い合わせしていただきたいことを伝えましょう。

　ユーザーを巻き込んで記事を作っていくと**ファンを増やす**ことができます。公式が質問に答えると、多くのファンの方は喜んでくださいます。質問者や質問者と同じ疑問を持っていた人が回答記事をSNSでシェアしてくださることもあります。お客様の声を取り入れましょう。

リンクフリーと明記する

　記事の最後にリンクフリーと書き添えることにより、リンクされやすくなります。リンクフリーと明記しておきましょう。
　次のページのように具体的なリンクの方針については「サイトのご利用にあたって」ページを確認してもらえるようにするとよいでしょう。

リンクフリーの明記例

記事はすべてリンクフリーです。必ずサイトのご利用にあたってをご確認ください。

一緒にコンテンツを作っていくっていう姿勢が大切なのね。

あきちゃんならできるわ。楽しくやっていこう。

この章のポイント

- アクセス解析によりPDCAをまわす
- Googleアラートを設定し、今後の運営に活かす
- 定期的に過去記事を更新する
  - ・最新情報に更新する
  - ・記事の下部におすすめ記事へのリンクを載せる
  - ・ビジュアルを追加する（グラフ、動画）
  - ・記事に対するお客様の記事を紹介する
- 価値の低い記事は思い切って削除する
- ユーザーを巻き込み、一緒にコンテンツを作り上げていく

GOAL

（最初の記事公開から1年後のある日）

あき

みっちん、聞いて。今日社長に「よく頑張っているね」って声をかけてもらえたの！　通販サイトの売上、1年前と比較すると4倍になってて、SNSで商品を紹介してくださるお客様もすっごく増えたんだよ！　みっちんのおかげ！

みっちん

お役に立ててよかったわ。私はあきちゃんの頑張りを一番近くで見てきた。あきちゃんは、いずれ、あきちゃん自身の想像を超えたスケールの「あきちゃん」になることを、約束するわ！

あき

……（涙）。みっちん、ありがとう。

みっちん

今日はアップルパイが食べたい気分ねえ…？

あき

あはは、おもしろい顔してる！　よーし、アップルパイ、作ろうかな！

主要参考文献

Part 1
- 波多野完治、『実用文の書き方―文章心理学的発想法』、光文社、1962年6月
- 三浦将、『自分を変える習慣力』、クロスメディア・パブリッシング、2015年12月
- 時事メディカル「パソコン作業の姿勢に注意 ＩＴ猫背で肩凝りと頭痛」(https://medical.jiji.com/topics/200) 参照2023年6月5日

Part 2
- SISTRIX "Why (almost) everything you knew about Google CTR is no longer val-id"(https://www.sistrix.com/blog/why-almost-everything-you-knew-about-google-ctr-is-no-longer-valid/) 参照2023年10月1日
- StatCounter Global Stats "Search Engine Market Share Ja-pan"(https://gs.statcounter.com/search-engine-market-share/all/japan) 参照2025年1月23日
- Google Search Central Blog "Our latest update to the quality rater guidelines: E-A-T gets an extra E for Experi-ence"(https://developers.google.com/search/blog/2022/12/google-raters-guidelines-e-e-a-t) 参照2023年10月1日
- Google Search Central "What creators should know about Google's August 2022 helpful content up-date"(https://developers.google.com/search/blog/2022/08/helpful-content-update) 参照2022年8月18日
- Google "General Guidelines" 16 Nov 2023
- 甲斐睦朗ほか、『国語1』（文部科学省検定済教科書　中学校国語科用）、光村図書出版、2021年2月

Part 3
- Google Search Central "Creating Helpful, Reliable, People-First Con-tent"(https://developers.google.com/search/docs/fundamentals/creating-helpful-content) 参照2023年4月19日
- Google Search Help "How Google's featured snippets work" (https://support.google.com/websearch/answer/9351707) 参照2023年9月18日
- 文部科学省高等教育局「大学・高専における生成AIの教学面の取扱いについて」（7月13日付け)(https://www.mext.go.jp/content/20230714-mxt_senmon01-000030762_1.pdf) 参照2023年7月21日
- 文部科学省初等中等教育局「初等中等教育段階における生成AIの利用に関する暫定的なガイドライン」（7月4日付け)(https://www.mext.go.jp/content/20230704-mxt_shuukyo02-000003278_003.pdf) 参照2023年7月19日
- AI部、『基礎からDALL·E、GPTsまで徹底解説　ChatGPT スゴイ活用術』、マイナビ出版、2024年4月

Part 4
- Moran, K., & Liu, F. (2020). How People Read Online: The Eyetracking Evidence (2nd ed.). Nielsen Norman Group.
- Nielsen Norman Group "F-Shaped Pattern For Reading Web Content (original study)"(https://www.nngroup.com/articles/f-shaped-pattern-reading-web-content-discovered/) 参照2023年10月1日
- Think with Google "Find out how you stack up to new industry benchmarks for mobile page speed"(https://www.thinkwithgoogle.com/marketing-strategies/app-and-mobile/mobile-page-speed-new-industry-benchmarks/) 参照2022年11月20日
- Google Search Central "English Google Webmaster Central office-hours hangout" YouTube(https://www.youtube.com/watch?v=vlg9VZSquTE&t=1886s) 参照2022年11月20日

Part 5

- Redish, J. (2012). Letting Go of the Words: Writing Web Content that Works (2nd ed.). Morgan Kaufmann.
- Google Search Central "Link best practices for Google"(https://developers.google.com/search/docs/crawling-indexing/links-crawlable) 参照 2023年2月15日
- 波多野完治、『文章心理學入門』、新潮文庫、1964年6月
- 波多野完治、『現代文章心理学』、新潮社、1977年7月
- 谷崎潤一郎、『文章読本』、中公文庫、1996年2月
- 松林薫、『迷わず書ける記者式文章術ープロが実践する4つのパターン』、慶應義塾大学出版会、2021年5月
- スティーブ・クルーグ著、福田篤人訳、『超明快 Webユーザビリティ ユーザに「考えさせない」デザインの法則』、ビー・エヌ・エヌ新社、2016年6月
- Robin Williams著、吉川典秀訳、小原司(その他)、米谷テツヤ(日本語版解説)、『ノンデザイナーズ・デザインブック［第4版］』、マイナビ出版、2016年9月
- 益子貴寛、『伝わるWeb文章デザイン100の鉄則』、秀和システム、2004年7月
- 阿部紘久、『文章力の基本』、日本実業出版社、2009年7月
- 倉島保美、『論理が伝わる 世界標準の「書く技術」(ブルーバックス)』、講談社、2012年11月
- 田中耕比古、『一番伝わる説明の順番』、フォレスト出版、2018年6月
- 川上徹也、『キャッチコピー力の基本』、日本実業出版社、2010年7月
- 林巨樹・池上秋彦・安藤千鶴子編、『日本語文法がわかる辞典』、東京堂出版、2004年3月
- 竹内政明、『「編集手帳」の文章術』、文藝春秋、2013年2月
- ECRIT「金原 瑞人（翻訳家・法政大学教授）『気になること、気にならないこと』」(https://www.e-ecrit.com/column/relay-column/511/) 参照2022年2月10日
- 劉玲(2015)「文体・性別・年齢からみる一文の長さ：日本人母語話者の作文を調査資料にして」『応用言語学研究論集』8巻、金沢大学人間社会環境研究科内MOEプロジェクト講座.
- 片桐光知子、『一生使えるWebライティングの教室』、マイナビ出版、2022年3月

Part 6

- 佐々木裕一、『ソーシャルメディア四半世紀 情報資本主義に飲み込まれる時間とコンテンツ』、日本経済新聞出版社、2018年6月
- 総務省「情報通信白書」(https://www.soumu.go.jp/johotsusintokei/whitepaper/index.html) 参照2023年9月1日
- NHK for School（アッ！とメディア〜@media〜）「どうして許可をとるの？〜著作権〜」(https://www2.nhk.or.jp/school/watch/outline/?das_id=D0005180464_00000) 参照2023年7月20日
- 文化庁『令和5年度著作権テキスト』(https://www.bunka.go.jp/seisaku/chosakuken/seidokaisetsu/pdf/93908401_01.pdf) 参照2023年9月10日
- 共同通信社編著、『記者ハンドブック第14版 新聞用字用語集』、共同通信社、2022年3月

Part 7

- Google Search Central "Influencing your title links in search re-sults"(https://developers.google.com/search/docs/appearance/title-link) 参照2023年10月2日
- ジョン・ケープルズ著、神田昌典監訳、齋藤慎子・依田卓巳訳、『ザ・コピーライティング――心の琴線にふれる言葉の法則』、ダイヤモンド社、2008年9月

Part 8

- Google Search Central "Google Search's helpful content system and your web-site"(https://developers.google.com/search/updates/helpful-content-update) 参照2023年7月6日
- Google Search Central "A guide to Google Search ranking sys-tems"(https://developers.google.com/search/docs/appearance/ranking-systems-guide) 参照2023年10月2日

索引

英数字

1記事1テーマ	74
5W1H	143
AI	40,91,178
Googleアラート	224
Google Analytics	45,221
Googleドキュメント	22,88,105
Google日本語入力	17
PREP法	102
SDS法	100
TinyPNG	117
Ubersuggest	49,75

あ〜さ行

アイキャッチ画像	97
アクセス解析	30,45,221
引用	158,163
オリジナリティ	39
音声入力	25,88,148
改行	126
箇条書き	88,137
カタカナ	169,198
キーワード	49,58,75,193
企画書	67
記号	117,197
競合サイト	49
強調スニペット	84
検索エンジン	36,74,117
校正	176
コンセプト	35,43

コンテンツ企画	30
字下げ	131
市場調査分析	30
指示語	123,144
辞書ツール	20
出典	159,163,226
情報収集	30
接続詞	146
専門性	39
専門用語	139

た〜は行

タイトル	97,103,190
著作権	92,158
デベロッパーツール	181
被リンク	56
ページ構成	30
ペルソナ	42,67,139,174
ペルソナシート	43
本文	97

ま〜わ行

見出し	97,103,131
目次	97,209
ライティング	29
ラッコキーワード	61,82
リード文	97,208
流入キーワード	48
リンクフリー	233
ワイヤーフレーム	111

著者紹介

片桐 光知子（かたぎり みちこ）

ブライトシー株式会社代表取締役。東海学園大学人文学部非常勤講師。
1980年、愛知県生まれ。名古屋大学大学院国際言語文化研究科修了。
2007年、Yahoo!関連ホームページ制作会社入社（Webディレクター）。
2009年、株式会社セリア入社（Webマーケティング、ブランディング、広報を担当）。2014年、ブライトシー株式会社を設立、代表取締役に就任。小売業の業績向上の支援に特化したWeb戦略コンサルティングを行う。WebマーケティングからコンテンツSEO、SNS活用、PR支援、インバウンド対策等の包括的な経営支援サービスを提供。著書に『一生使えるWebライティングの教室』（マイナビ出版）。
【公式note】note.com/michiko_katagiri/

STAFF

ブックデザイン・DTP ………… 岡部 夏実（Isshiki）
編集担当 ……………………… 角竹 輝紀、塚本 七海

イチから学ぶWebライティング入門

2025年2月27日　初版第1刷発行

著者	片桐 光知子
発行者	角竹 輝紀
発行所	株式会社マイナビ出版
	〒101-0003　東京都千代田区一ツ橋2-6-3 一ツ橋ビル 2F
	TEL：0480-38-6872（注文専用ダイヤル）
	TEL：03-3556-2731（販売）
	TEL：03-3556-2736（編集）
	編集問い合わせ先：pc-books@mynavi.jp
	URL：https://book.mynavi.jp
印刷・製本	シナノ印刷株式会社

©2025 片桐 光知子, Printed in Japan.
ISBN978-4-8399-8722-0

- 定価はカバーに記載してあります。
- 乱丁・落丁についてのお問い合わせは、
  TEL：0480-38-6872（注文専用ダイヤル）、電子メール：sas@mynavi.jp までお願いいたします。
- 本書掲載内容の無断転載を禁じます。
- 本書は著作権法上の保護を受けています。本書の無断複写・複製（コピー、スキャン、デジタル化等）は、著作権法上の例外を除き、禁じられています。
- 本書についてご質問等ございましたら、マイナビ出版の下記URLよりお問い合わせください。
  お電話でのご質問は受け付けておりません。また、本書の内容以外のご質問についてもご対応できません。
  https://book.mynavi.jp/inquiry_list/